绿色发展通识丛书
GENERAL BOOKS OF GREEN DEVELOPMENT

自然与城市
马赛的生态建设实践

［法］巴布蒂斯·拉纳斯佩兹／著
［法］若弗鲁瓦·马蒂厄／摄
刘姮序／译

中国文联出版社
http://www.clapnet.cn

图书在版编目（CIP）数据

自然与城市：马赛的生态建设实践 / (法) 巴布蒂
斯·拉纳斯佩兹著；(法) 若弗鲁瓦·马蒂厄摄；刘姮
序译. -- 北京：中国文联出版社，2018.9（2021.12重印）
（绿色发展通识丛书）
ISBN 978-7-5190-3628-7

Ⅰ. ①自… Ⅱ. ①巴… ②若… ③刘… Ⅲ. ①城市环
境－生态环境建设－马赛 Ⅳ. ①X321.565

中国版本图书馆CIP数据核字(2018)第225101号

著作权合同登记号：图字01-2017-5143
Originally published in France as : Ville Sauvage : Marseille – Essai d'écologie urbaine by
Baptiste Lanaspeze, Photographs by Geoffroy Mathieu
© Actes Sud, France 2012
Current Chinese language translation rights arranged through Divas International, Paris ／ 巴
黎迪法国际版权代理

自然与城市：马赛的生态建设实践
ZIRAN YU CHENGSHI : MASAI DE SHENGTAI JIANSHE SHIJIAN

作　　者：[法] 巴布蒂斯·拉纳斯佩兹	摄　　影：[法] 若弗鲁瓦·马蒂厄
译　　者：刘姮序	

	终审人：姚莲瑞
责任编辑：冯巍	复审人：邓友女
责任译校：黄黎娜	责任校对：汪璐
封面设计：谭锴	责任印制：陈晨

出版发行：中国文联出版社
地　　址：北京市朝阳区农展馆南里10号，100125
电　　话：010-85923076（咨询）85923092（编务）85923020（邮购）
传　　真：010-85923000（总编室），010-85923020（发行部）
网　　址：http://www.clapnet.cn　　　　　　http://www.claplus.cn
E - m a i l：clap@clapnet.cn　　　　　　　　fengwei@clapnet.cn

印　　刷：中煤（北京）印务有限公司
装　　订：中煤（北京）印务有限公司
本书如有破损、缺页、装订错误，请与本社联系调换

开　　本：720×1010	1/16	
字　　数：114千字	印　　张：13.75	
版　　次：2018年9月第1版	印　　次：2021年12月第2次印刷	
书　　号：ISBN 978-7-5190-3628-7		
定　　价：58.00元		

"绿色发展通识丛书"总序一

洛朗·法比尤斯

1862 年，维克多·雨果写道："如果自然是天意，那么社会则是人为。"这不仅仅是一句简单的箴言，更是一声有力的号召，警醒所有政治家和公民，面对地球家园和子孙后代，他们能享有的权利，以及必须履行的义务。自然提供物质财富，社会则提供社会、道德和经济财富。前者应由后者来捍卫。

我有幸担任巴黎气候大会（COP21）的主席。大会于 2015 年 12 月落幕，并达成了一项协定，而中国的批准使这项协议变得更加有力。我们应为此祝贺，并心怀希望，因为地球的未来很大程度上受到中国的影响。对环境的关心跨越了各个学科，关乎生活的各个领域，并超越了差异。这是一种价值观，更是一种意识，需要将之唤醒、进行培养并加以维系。

四十年来（或者说第一次石油危机以来），法国出现、形成并发展了自己的环境思想。今天，公民的生态意识越来越强。众多环境组织和优秀作品推动了改变的进程，并促使创新的公共政策得到落实。法国愿成为环保之路的先行者。

2016 年"中法环境月"之际，法国驻华大使馆采取了一系列措施，推动环境类书籍的出版。使馆为年轻译者组织环境主题翻译培训之后，又制作了一本书目手册，收录了法国思想界最具代表性的 33 本书籍，以供译成中文。

中国立即做出了响应。得益于中国文联出版社的积极参与，"绿色发展通识丛书"将在中国出版。丛书汇集了 33 本非虚构类作品，代表了法国对生态和环境的分析和思考。

让我们翻译、阅读并倾听这些记者、科学家、学者、政治家、哲学家和相关专家：因为他们有话要说。正因如此，我要感谢中国文联出版社，使他们的声音得以在中国传播。

中法两国受到同样信念的鼓舞，将为我们的未来尽一切努力。我衷心呼吁，继续深化这一合作，保卫我们共同的家园。

如果你心怀他人，那么这一信念将不可撼动。地球是一份馈赠和宝藏，她从不理应属于我们，她需要我们去珍惜、去与远友近邻分享、去向子孙后代传承。

2017 年 7 月 5 日

（作者为法国著名政治家，现任法国宪法委员会主席、原巴黎气候变化大会主席，曾任法国政府总理、法国国民议会议长、法国社会党第一书记、法国经济财政和工业部部长、法国外交部部长）

"绿色发展通识丛书"总序二

万钢

习近平总书记在中共十九大上明确提出，建设生态文明是中华民族永续发展的千年大计。必须树立和践行绿水青山就是金山银山的理念坚持节约资源和保护环境的基本国策，像对待生命一样对待生态环境。我们要建设的现代化是人与自然和谐共生的现代化，既要创造更多物质财富和精神财富以满足人民日益增长的美好生活需要，也要提供更多优质生态产品以满足人民日益增长的优美生态环境需要。近年来，我国生态文明建设成效显著，绿色发展理念在神州大地不断深入人心，建设美丽中国已经成为 13 亿中国人的热切期盼和共同行动。

创新是引领发展的第一动力，科技创新为生态文明和美丽中国建设提供了重要支撑。多年来，经过科技界和广大科技工作者的不懈努力，我国资源环境领域的科技创新取得了长足进步，以科技手段为解决国家发展面临的瓶颈制约和人民群众关切的实际问题作出了重要贡献。太阳能光伏、风电、新能源汽车等产业的技术和规模位居世界前列，大气、水、土壤污染的治理能力和水平也有了明显提高。生态环保领域科学普及的深度和广度不断拓展，有力推动了全社会加快形成绿色、可持续的生产方式和消费模式。

推动绿色发展是构建人类命运共同体的重要内容。近年来，中国积极引导应对气候变化国际合作，得到了国际社会的广泛认同，成为全球生态文明建设的重要参与者、贡献者和引领者。这套"绿色发展通识丛书"的出版，得益于中法两国相关部门的大力支持和推动。第一辑出版的33种图书，包括法国科学家、政治家、哲学家关于生态环境的思考。后续还将陆续出版由中国的专家学者编写的生态环保、可持续发展等方面图书。特别要出版一批面向中国青少年的绘本类生态环保图书，把绿色发展的理念深深植根于广大青少年的教育之中，让"人与自然和谐共生"成为中华民族思想文化传承的重要内容。

科学技术的发展深刻地改变了人类对自然的认识，即使在科技创新迅猛发展的今天，我们仍然要思考和回答历史上先贤们曾经提出的人与自然关系问题。正在孕育兴起的新一轮科技革命和产业变革将为认识人类自身和探求自然奥秘提供新的手段和工具，如何更好地让人与自然和谐共生，我们将依靠科学技术的力量去寻找更多新的答案。

2017 年 10 月 25 日

（作者为十二届全国政协副主席，致公党中央主席，科学技术部部长，中国科学技术协会主席）

"绿色发展通识丛书"总序三

铁凝

　　这套由中国文联出版社策划的"绿色发展通识丛书",从法国数十家出版机构引进版权并翻译成中文出版,内容包括记者、科学家、学者、政治家、哲学家和各领域的专家关于生态环境的独到思考。丛书内涵丰富亦有规模,是文联出版人践行社会责任,倡导绿色发展,推介国际环境治理先进经验,提升国人环保意识的一次有益实践。首批出版的33种图书得到了法国驻华大使馆、中国文学艺术基金会和社会各界的支持。诸位译者在共同理念的感召下辛勤工作,使中译本得以顺利面世。

　　中华民族"天人合一"的传统理念、人与自然和谐相处的当代追求,是我们尊重自然、顺应自然、保护自然的思想基础。在今天,"绿色发展"已经成为中国国家战略的"五大发展理念"之一。中国国家主席习近平关于"绿水青山就是金山银山"等一系列论述,关于人与自然构成"生命共同体"的思想,深刻阐释了建设生态文明是关系人民福祉、关系民族未来、造福子孙后代的大计。"绿色发展通识丛书"既表达了作者们对生态环境的分析和思考,也呼应了"绿水青山就是金山银山"的绿色发展理念。我相信,这一系列图书的出版对呼唤全民生态文明意识,推动绿色发展方式和生活方式具有十分积极的意义。

20 世纪美国自然文学作家亨利·贝斯顿曾说:"支撑人类生活的那些诸如尊严、美丽及诗意的古老价值就是出自大自然的灵感。它们产生于自然世界的神秘与美丽。"长期以来,为了让天更蓝、山更绿、水更清、环境更优美,为了自然和人类这互为依存的生命共同体更加健康、更加富有尊严,中国一大批文艺家发挥社会公众人物的影响力、感召力,积极投身生态文明公益事业,以自身行动引领公众善待大自然和珍爱环境的生活方式。藉此"绿色发展通识丛书"出版之际,期待我们的作家、艺术家进一步积极投身多种形式的生态文明公益活动,自觉推动全社会形成绿色发展方式和生活方式,推动"绿色发展"理念成为"地球村"的共同实践,为保护我们共同的家园做出贡献。

中华文化源远流长,世界文明同理连枝,文明因交流而多彩,文明因互鉴而丰富。在"绿色发展通识丛书"出版之际,更希望文联出版人进一步参与中法文化交流和国际文化交流与传播,扩展出版人的视野,围绕破解包括气候变化在内的人类共同难题,把中华文化中具有当代价值和世界意义的思想资源发掘出来,传播出去,为构建人类文明共同体、推进人类文明的发展进步做出应有的贡献。

珍重地球家园,机智而有效地扼制环境危机的脚步,是人类社会的共同事业。如果地球家园真正的美来自一种持续感,一种深层的生态感,一个自然有序的世界,一种整体共生的优雅,就让我们以此共勉。

2017 年 8 月 24 日

(作者为中国文学艺术界联合会主席、中国作家协会主席)

目录

序言　马赛，欧洲自然首都

马赛掠影（2007—2011）

第 1 章　鼠民 （001）

第 2 章　城市物种 （010）

第 3 章　强大驯化力 （018）

第 4 章　城市生态创想 （028）

第 5 章　什么是城市生态学？ （041）

第 6 章　外部城市 （047）

第 7 章　港口海豚 （055）

第 8 章　郊外 （062）

第 9 章　大公园 （073）

第 10 章　第三种景观之都 （084）

第 11 章　不可能的荒漠（091)

第 12 章　紫茉莉荒园（101)

第 13 章　自然建筑　（110)

第 14 章　场所艺术　（116)

第 15 章　农业型城市规划　（123)

第 16 章　并不孤单（132)

第 17 章　狂野风格（143)

附录　远足小径 2013 宣言（154)

参考书目（159)

马赛，欧洲自然首都

　　"城市中的大自然"这一主题，五年前还是一个私下谈及的话题，如今已成为公共讨论的焦点。这种讨论甚至超越了传统城市问题的范畴。[①]城市生态学，即便暂且不谈其研究对象，至少从其重要性来看，已成为一个被广泛认可的研究领

---

　　① 自从2009年有关"城市中的大自然"的格勒纳勒环境会议召开以来，"城市—自然"这一主题（将城市生物多样性问题拓宽至可持续发展领域，如交通、能源、治理等）就在"可持续发展的城市"中占据了越来越重要的位置。相关的著作和活动如下：《环境和城市的哲学思考》（蒂埃里·帕阔特和克里斯·尤尼斯，拉德库维特出版社，2010年）；2011年在巴黎建筑博物馆举行以富饶城市为主题的展览，旨在从历史、社会、文化、植物和生态等多方面对城市中的大自然这一主题进行思考；2011年11月在马赛希洛会议厅召开了"城市—自然"会议，会议在大都市交流的框架内展开，由多米尼克·佩罗在2010年威尼斯的双年展上提出。在此之前，法国在该领域具有开创性的作品，包括伯纳迪特·利兹特（Bernadette Lizet）的《城市中的原生态》（*Sauvages dans la ville*），法国自然历史博物馆出版社（MNHN），1999年。纳塔莉·布兰克（Nathalie Blanc）的《动物和城市》（*Les animaux et la ville*）奥迪勒-雅各布出版社（Odile Jacob），2000年。菲利普·克莱尔若（Philippe Clergeau）的《城市景观生态学》（Une écologie du paysage urbain），极点出版社（Apogée），2007年。

域。我早在 2006 年就开始构思本书，它的主题在当时看来还比较前卫，但目前城市生态已成为备受关注的热点。本书以马赛作为切入点，旨在对城市与自然之间的关系展开一些不拘泥于常态的思考。

卡朗格国家公园（parc national des Calanques，第一个欧洲国家城周公园）的建立对于马赛来说是一个多世纪以来自然再创造的成果。卡朗格如同城市与自然关系的"实验室"，其重要作用将随着时间的推移逐渐凸显出来，而马赛作为世界徒步游的发源地之一，自 19 世纪末起，便已开始发挥着自然城市的功用。除了具有采石场、港口和工厂这些城市空间的标签外，马赛还有一个显著的标志，就是在工业时代占主导地位的自然（简单资源，或"原材料"）思想。最终，这种城市与乡村共存的理念在马赛的城市空间及其习俗中被一同构建起来。无论是农庄别墅还是乡间棚屋，这两种在风格与精神上都相互对立的建筑形式，却是"乡村城市性"的标志性体现。在 20 世纪，我们还未能发现对其进行维护及推广的意义；但在 21 世纪，我们应在这方面有所作为。我们不能忘记，马赛既是一个港口，又是一片沃土。

无论改造或保留、耕种或保护、现实或梦想、了解或忽视、荒地或园地、公有或私有、广阔或狭小、散养或家养、挖掘或回填、建造或修剪，大自然在马赛这个城中通过多种形式得以呈现——城市与自然之间所有的这些互动，蕴含着深厚的社会意义。近年来，马赛的自然特性吸引了越来越多的艺术家、科学家、活动家和政治家的目光，而且这些青睐的目光已经开始形成一种壮观的"景象"。新的愿景和新的用途推动了城市规划项目准则的制定，进而将自然纳入城市规划建设的核心要素。马赛地理学家和城市规划师让－诺埃尔·孔萨勒（Jean-Noël Consalès）2011年在他的"农业城市规划"方法论中，也对此进行了浓墨重彩的总结。

经历了40年的经济不振和人口萎缩，在经济环境有所起色之际，马赛于2013年被评为"欧洲文化之都"（capitale européenne de la culture）。这个称号是对自然之城马赛的认可，也是文化在大自然中归位的一种体现。本书以文化理念为基础，与"文艺"形态相比，更多地关注社会形态的自发生命力，其主旨在于呈现马赛的城市面貌与法国本土文化之间的独特的相互作用。马赛如今已成为欧洲的一个自然首府，我们不能断言它已是一座"绿色城市"或"生态首都"，但我们可以说它是一座让我们的自然理念得以延续、让我们为之向往的理想之城。在这里，我们可以验证这样一个简单的道理（这也是我们所要阐述的中心思想）："身处城市之中，即投入大自然的怀抱。"

从柏拉图的理想城市卡利波利斯（Callipolis）到勒·柯布

西耶（Le Corbusier）的伏瓦生规划（plan Voisin），再到圣奥古斯丁（Saint-Augustin）的上帝之城（cité de Dieu），城市既是社会产物又是社会母体，既是社会表现又是社会模板。至少在西方，造物主不但没有错失见证城市构建的时机，而且还勾画出理想社会的改革发展蓝图。城市革命已不是什么新名词了，在城市创建和文明形成伊始就已出现，因此，城市的历史是一个连续再造的过程，即便无规律可循。我们将会看到，城市生态革命并不意味着一次彻底的大改变，而是建立在空间观念革命基础上的一场变革。空间，这个我们人类赖以生存的基础，一直以来都是我们无法仅通过计划就可以触及并控制的。空间，其实是我们身体的动态延伸，其本身也是一种产物。如果我只是存在于世界中的一个生命体，则无须将城市看作一块"梦幻石"般的人工制品，而要把它看作是我们具有智慧的哺乳动物社会的社会组织及客观的物质形式，把它看作是与我们内心一样丰富、神秘、难以琢磨的现实事物。总而言之，它是一个鲜活的、无法与生物世界相脱离的现实世界。

本书打破自然科学与人文科学之间的界限，其初衷是在马赛这片生态思想新兴的土地上，去探寻如"城市物种"一般的现代人的自然性。从最初的想法到全书完成，我在这本书创作的道路上收获了许多朋友并得到了他们很多的帮助。帕斯卡尔·梅诺雷（Pascal Ménoret）和若弗鲁瓦·马蒂厄（Geoffroy Mathieu），他们是最好的盟友和永远的对话者；格勒努耶广播台的朱莉·德米尔（Julie de Muer），是她支持我在2008年开通了"自然城市"①的博客，那里成为本书真正的试验平台；还有马赛画廊的西尔维·阿马尔（Sylvie Amar）和雅尼克·冈萨雷斯（Yannick Gonzalez）。另外，还要感谢这些艺术家——我的同事和朋友们：尼古拉斯·梅曼（Nicolas Mémain）、昂德里克·斯特姆（Hendrik Sturm）、让－吕克·布里松（Jean-Luc Brisson）、马蒂亚斯·普瓦松（Mathias Poisson）、劳伦·马隆（Laurent Malone）、达莉拉·拉迪雅尔（Dalila Ladjal）和斯特凡纳·布里塞（Stéphane Brisset）（SAFI社团），以及研究人员克里斯汀·布雷顿（Christine Breton）、罗杰·马利纳（Roger Malina）、让－诺埃尔·孔萨勒（Jean-Noël Consalès）和卡罗尔·巴泰勒米（Carole Barthélémy）。此外，2013远足小径（GR2013）项目也使本书的内容更加丰富和充实。最后，感谢南方文献出版社的玛丽－玛丽·安德拉施（Marie-Marie Andrasch）和约翰－保罗·卡皮塔尼（Jean-Paul Capitani）给予我的信任和支持。

---

① 本书中的多个章节来源于2013"自然城市"（Ville sauvage）博客中的帖子（2008—2009）。

本书中选用的 31 幅照片，是城市风景摄影师若弗鲁瓦·马蒂厄拍摄的 2007—2011 年的马赛，主要完成于 2009—2010 年的春天。

该摄影项目能够顺利完成，要感谢普罗旺斯－阿尔卑斯－蓝色海岸大区文化事务局（DRAC PACA）在 2010 年的帮助。

特别向以下人员表示感谢：

热拉尔迪娜·莱（Géraldine Lay）、弗洛里安·博尼诺（Florian Bonino）、达莉拉·拉迪雅尔（Dalila Ladjal）和尼古拉斯·梅曼（Nicolas Mémain）。

马赛掠影（2007—2011）

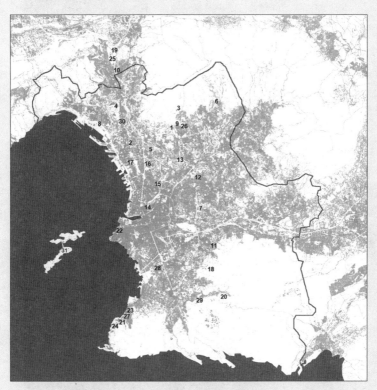

照片拍摄地定位

1. 北部街区，勒梅尔兰（Le Merlan）。富尔德布滋（Four de Buze）农业区域，位于美图瓦勒山脉（massif de l'Etoile）山麓，巴塔赖莱（Batarelle）建筑地块下面，刚好处于马赛运河下方。

2. 北部街区。从艾加拉德（Aygalades）的"废渣堆积场"看马赛。这个小山丘面积为 4 公顷，由"赤泥"（从铝土矿中提取铝后的残渣）堆积而成。图中远景建筑物是圣路易斯糖厂。

3. 北部街区。多尔山谷水库（réserve d'eau du vallon Dol）的饮用水处理厂（水源地为韦尔东河，通过普罗旺斯运河供水）。工厂、水库和运河建于 20 世纪 70 年代。

4. 北部街区。连通拉维斯特（La Viste）与滨海地带购物中心的小路。

5. 北部街区。拉维斯特居住区和独立式住宅，从圣路易斯大街取景拍摄。

6. 北部街区。孔伯特城堡（Château-Gombert）的帕拉德（Parade）地块上散养的马匹。

7. 东部街区，富哈盖尔（Fourragère）。在 20 世纪中期因 L2 环城公路建设而被征用的土地上的农业大棚。

8. 北部街区，圣安德烈（Saint-André）。在莫雷皮亚内（Mourepiane）货站滨海路上的一个装货场中生长出几棵臭椿树（Ailanthus Altissima）。

9. 北部地区，勒梅尔兰。自 19 世纪中期起，马赛运河便引入杜朗斯河（Durance）河水来灌溉马赛土地。

10. 北部地区。从埃图勒瓦勒山脉向圣母利米特（Notre-Dame-Limite）街区眺望。由下至上依次是：布雷利城（Bourrely）、卡利斯德城（Kallisté）和互助城（Solidarité）。

11. 东部街区，圣卢普（Saint-Loup）。城市扩建在卡皮亚亚逗山脉（Carpiagne）处中断，这里仍留有 2009 年火灾的痕迹。

12. 从蒙特奥里维（Montolivet）的家庭与工人花园眺望北部街区，花园位于 20 世纪中期因 L2 环城公路建设而被征用的土地上。

13. 北部地区，勒梅尔兰。一块路旁边坡荒地将查尔斯一鲁热尼公寓楼与萨尔瓦多一阿连德大道隔开。

14. 市中心，圣查尔斯火车站（gare Saint-Charles）。马赛广场上树脚下一丛丛繁茂的毒芹（Conium）。

15. 市中心，五月百丽（Belle-de-Mai）。普隆比埃大道旁，爬满常春藤的高墙。

16. 北部地区，珀蒂—卡内（Petit-Canet）。筒仓。

17. 北部地区，里昂路（rue de Lyon）。阿纳沃（Arnavaux）非正式二手车交易市场。

18. 东部街区，圣特龙（Saint-Tronc）。塔拉索（Perasso）采石场（自 1840 年起开始经营）。

19. 塞普泰梅莱瓦隆（Septèmes-les-Vallons）。位于埃图勒瓦勒山脉山麓的"塞普泰梅三角"变电站（高速公路 A7 和 A51 交叉口）。

20. 南部街区，吕米尼（Luminy）。从吉内斯特路眺望到的廉租房楼群和霍姆—莫尔高原（plateau de l' Homme-Mort）。

21. 南部街区，蒙特顿（Montredon）。位于维里尔（Verrerie）海滩和马德拉哥（Madrague）海滩之间沿海小路上的海滨小屋。

22. 市中心，恩杜姆（Endoume）。位于奥夫小山谷（vallon des Auffes）下方的科尔尼驰公寓的停车场。

23. 南部街区，蒙特顿。维尔山（Marseilleveyre）脚下，蒙特顿—马德拉哥大道旁大道旁的工地。

24. 北部街区，罗斯山峰（mont Rose）。

25. 塞普梅莱瓦隆，摩纳哥街区（quartier de Monaco）。位于野燕麦（Avena sterilis）地中的仓库。

26. 北郡街区，多尔山谷（vallon Dol）。普罗旺斯运河入口处的"窗孔"。

27. 南部街区，蒙特顿（Montredon）。维里尔海滩的海滨小屋。

28. 南部街区，圣吉聂（Saint-Giniez）。马萨尔哥大道旁的干沃讷河床（Lit de l'Huveaune）。

29. 北部街区。艾加拉德（Aygalades）横谷。位于艾加拉德墓地与蒙雷里克住宅区之间的北高速公路（A7）。

30. 南部街区，勒雷东（le Redon）。坐落于卡皮亚涅（Carpiagne）山肩上的鲁维埃住宅区。

31. 市中心, 弗里乌 (Frioul) 群岛。从波梅格岛 (île de Pomègues) 眺望港口小镇。

城市不是一个简单的物质机器或人工建筑。

它与生活在其中的人类息息相关；

它是大自然的产物，

特别是人文自然的产物。

——罗伯特·埃兹拉·帕克（Robert Ezra Park）

文明人的骨子里，

永远藏着一颗野性的灵魂。

———亨利·戴维·梭罗（Henry David Thoreau）

第1章　鼠民

老鼠称得上是城市中"出类拔萃"的动物。这种常住我们城市家园的撵不走的客人是大自然的一种象征——它当然远不及公园那样美观——我们想方设法力图摆脱它们，却总是徒劳无果。顽固且难以消除，老鼠在我们心中的坏印象已根深蒂固。假设它们只是躲在地下、昼伏夜出，我们对它们的印象是否会有所改观呢？但它们在白天也敢大模大样地出现在我们面前，令人感到极其不愉快。马赛针织品商街上的一位商户担忧地表示："当有人靠近时，它们相当猖狂，甚至待在原地一动不动。"[①] 这些不受欢迎的被驱逐者们保有动物的形象，它们的重返令人焦虑。

在马赛、伊斯坦布尔、纽约或巴黎，无论我们怎样做，老鼠的数量都大体与该市居民人数保持一致。在我们城市的地下里衬中，地铁复述着街道、居民还有老鼠的日常故事。

---

① 《普罗旺斯日报》（*La Provence*），2007 年 11 月 22 日。

显然，其数量难以精确统计。据有关数据显示，曼哈顿的老鼠数量变化幅度介于 30 万 ~ 300 万之间。这种动物的区域表现性有所不同，要么引人注意，要么隐蔽躲藏。例如在诺阿耶[①]，老鼠真的把那里当成自己的家。据一位看房人描述："在这里，你每天就是跟老鼠同吃同睡在一起。"[②] 当地市政府每年开展约 1500 次灭鼠活动，但都无济于事，老鼠依旧茁壮成长。有些人甚至认为老鼠已对人类不屑一顾。

我们抱怨指责马赛的老鼠，不是因其数量，而是它的可见性。它们放肆随便，带着一种近乎嚣张的气焰。针织品商街上的那位商户还表示："它们甚至不惧怕人类！它们敢与我们对视，直盯着我们看！"事实上，应该没有什么比邪恶的生物与我们面对面更令人厌恶的了。

目前来讲，我们"灭鼠"唯一成效显著的地方就是岛屿了。世界上 80% 的岛屿都被老鼠殖民，这个繁殖力旺盛的殖民者严重破坏了当地的动物区系。虽说岛屿只占地球表面积的 3%，却庇护着 45% 左右的鸟类、植物和爬行动物，构建了一个重要的生态区域。卡朗格外海的里乌（Riou）群岛，那里曾老鼠肆虐，它们以鸟蛋为食，对受保护的海鸟（如鹱属鸟类）种群数量构成极大威胁。但在普罗旺斯生态研究所

---

① 诺阿耶（Noailles）是马赛城区市中心。

② 引自 2007 年 10 月法国电视 2 台的 13 点新闻报道。

（CEEP）的努力下，这个群岛各个岛屿的灭鼠工作都取得了良好成效。

无论采用化学方法还是生物方法，总有一天，我们会找到一个彻底将老鼠赶出城市的解决方案。但如果说岛屿灭鼠更有必要和更易操作，城市与之相比，从生态学的角度看，老鼠的存在还未给城市带来那么严重的困扰。到目前为止，生物灭杀剂才刚刚对城市中的老鼠数量起到一定的控制作用。这与这种动物追随人类的足迹生存了数个世纪不无关系，它狡猾、顽固、数量庞大、不断发展，且具有高超的潜藏技能和超强的适应性。

老鼠要远远领先于海鸥、鸽子或者狗这些动物，它名列"与人类关系密切的动物"之首，如同人类的邻居一直生活在我们左右。尽管这种共存并非我们所期待的，但老鼠并未因此被归入寄生动物①之列。事实上，它属于"共生"物种范畴。也就是说，它以垃圾或其他物种（包括人类物种）为食，来维持生存和繁衍。

人与鼠生活在同一屋檐下，但有时这种共存也以更具志愿性、明确性和功利性的其他形式呈现。我们不得不承认，在19世纪和20世纪期间取得的大部分可载入史册的生物学

---

① 寄生动物是指生活于另一种生物体内或体表并从其体内获得营养（甚至将宿主杀死）的生物。

004 研究成果，都得益于以小老鼠为对象的科学实验（尽管有悖老鼠的意愿）。在全世界的实验室中，每天都有大量的小老鼠"机体组织"被培养和使用。[①] 这就好比利弊共存的大肠杆菌，它如同我们身体组织的"内在老鼠"，是人体"肠道菌群"的重要组成部分，也是目前我们研究最多的生命体。只不过大肠杆菌是直接从人体中获取有机物来维持生存。

另外，大家鼠，尤其是白化褐家鼠（还有小家鼠、乌龟、鬣蜥、蛇、青蛙等），成为一种"新型宠物"。但即使老鼠可以成为宠物，人们也不会因此将其视作家养动物。家养动物这个称号只适用于与人类共同生存了数代，在我们影响下获得了新的遗传特征且已被"去除野性"的物种。虽然人类活动（特别是灭鼠药）已使老鼠有所改变，但其怙顽不悛的本性依旧还在。它始终在未经我们允许的情况下，偷吃我们的餐食数千年之久。

难道 1720 年的鼠疫这么快就被遗忘了吗？当年爆发的鼠疫主要由传播媒介为鼠蚤的病原菌（细菌于 1874 年被发现，并被命名为鼠疫耶尔森氏杆菌）引起。野生啮齿动物是鼠疫杆菌的储存宿主，在它们将杆菌传给老鼠后，就会造成传染

---

① 每年仅在法国，就有将近204万只大鼠和小鼠死于实验室（来源：动物权益保护协会）。因此，二十年间，在全球范围内，用于实验的老鼠数量达到数亿。

病迅速蔓延，因为老鼠对这种杆菌非常敏感。正是由于这一原因，当时鼠疫在各个港口之间迅速传播开来。

确实，老鼠对此前欧洲数千万人的死亡负有间接责任。但那已经是很久远的事情了，现在主要是腺鼠疫（peste bubonique）的防治。自 19 世纪以来，褐家鼠（拉丁文名称 Rattus norvegicus，又名地沟鼠、灰鼠或"城市鼠"）已经完全取代了它的堂兄黑家鼠（拉丁文名称 Rattus rattus，又名黑鼠或"乡下鼠"）。有趣的是，褐家鼠与拉封丹寓言几乎在同一时期出现。在贝尔桑斯主教治理时期，黑家鼠很可能就是引起鼠疫大流行的元凶（目前在马赛仍然可见黑鼠的身影）；我们的当代鼠——褐家鼠，则相对无辜，它与 1720 年在马赛和 17 世纪在欧洲造成 5000 万人死亡的黑鼠疫没有任何关系。如今，老鼠给我们生活带来的主要麻烦，可能是这样的一幕画面：一个晨雾弥漫的清晨，在诺阿耶的街头，"老鼠正在忙着啃食我们汽车倒车灯的电源线"①。

尽管它靠近人类，与人类很熟悉，但老鼠仍然是自由且独立的，为此它也付出了高昂的代价。千百年来，它成功地在一个千方百计想要将其铲除的物种身边存活并繁衍下去。老普利尼说过："在既不属于野生，也不属于被驯化的物种

---

① 《普罗旺斯日报》，2007 年 11 月 22 日，汽车修理工的话。

中，人们最常想到的就是困扰我们生活的老鼠。"[①] 这位古动物学家的言下之意就是：虽然老鼠栖居在城市，但它仍然是野生的。马赛丰基家族乐队（Fonky Family）的说唱歌手勒哈·卢西亚诺（Le Rat Luciano），在音乐作品中为自己的老鼠图腾打抱不平时，就恰到好处地展现了其野性特点。

在地铁里，在圣查尔斯火车站，在下水道，在地下画廊，在里乌（Riou）和弗里乌（Frioul）群岛，在街道上，在大楼内，在地窖中，总之在马赛，老鼠无处不在。但是，如今除了责怪它们任性妄为、无所顾忌、有损城市形象以外，我们还能指责它们什么呢？

这些我们最好的敌人、虚假的朋友，还通过绘画的方式侵入了我们的城市，它们很早就成为伦敦著名涂鸦艺术家班克斯（Banksy）笔下的主人公。与清教主义思想相反，同时还与美国哲学家托马斯·伯奇（Thomas Birch）所说的只能加强"对野生的监禁"的卫生生态论相悖，马赛的老鼠是城市中最具野生性的动物，或者说，它们是野生动物中最具城市性的代表。从这一点来看，或许它们会博得我们的一丝好感吧。

此外，生活在我们身边的褐家鼠，每天可消耗数十吨人

---

① 普利尼（Pline）：《自然历史》（*Histoires Naturelles*），伽利玛出版社（Éditions Gallimard），1999 年。

类扔掉的有机垃圾。① 当然，如果有必要，我们还是要继续开展灭鼠活动，以遏制其繁殖、控制其数量。但我们不妨换位思考一下，是否老鼠的数量也与我们丢弃的垃圾数量有关呢？换句话说，是否我们制造了过多的有机垃圾，从而促成了老鼠的加剧繁殖呢？

最后，我们应该承认，今天，如果老鼠出现在我们美丽城市的街道上，我们对它们主要的偏见不涉及卫生问题，而是它们象征的东西。当看到老鼠出现，每个人所表现出的有趣、好奇、惊讶、不快、厌恶或恐慌的程度主要取决于各自的审美和道德判断标准。该判断标准又基于我们对卫生、洁净和人自身兽性的认知。假使世界变得绝对干净，到时还会有我们的容身之所吗？

在无法彻底根除老鼠的现实面前，在农药或生物杀灭剂不可避免地带来危害的事实面前，我们只有公允地细细品味这些栖居在地下、与我们基因极其相似、以人类丢弃的糟粕为生的创造物。也许最好的办法，就是学着容忍这些寄居在地下的、狡黠的小生命，它们为我们的城市增添了一种奇特的、令人不安的、犹如麝香的气味般不可名状的东西——人类文明街道下散发出的一抹动物芳香。与人类社会并行的鼠

---

① 巴黎每天被褐家鼠消耗掉的有机垃圾为800吨，马赛没有相关具体数据。

类族群在城市舞台上演奏着自然界的通奏低音。大自然不是绿色的，也不是洁白的，更不是完美无缺的。它在人们心中确切的形象到底是怎样的呢？也许以下的表述是对大自然最完整且最疯狂的总结：大自然是强大的、险恶的，它如此神秘、令人难以捉摸。

文化变得越文明，其本身与生物群落越疏远。"文明"意义上的"城市化"，即生活并参与在人工的、人性化的环境中，将自然视作外在的和异化的事物。随着文明的发展，非人类自然实体的地位被剥夺，然而，它却是道德共同体中的重要成员。

——约翰·贝尔德·卡利科特（J. Baird Callicott）

第 2 章　城市物种

　　这也是一本关于城市的书，当然，图书馆中已有数目众多的此类书籍。也许是因为文字起源于城市，反过来，书籍又在不断地书写城市，以此向其母体致敬。文字起源于不同的文明中心[①]，但起源地的共同特点都是农业发达且城市全面发展。从词源上讲，文化人即城市人；依照传统说法，乡村就是一面反射城市文雅（即城市文化优势）的镜子。即使从"不纯城市"（la ville impure）这一观点来看，我们是把农村习俗的蒙昧性理想化了，但这种被曲解的理想化不仅没有削弱"文化人即城市人——是真正的人类"的理念，反而强化了它。

　　无论是古文明时期的还是 16 世纪的田园诗歌，都鲜少出自乡村作家的手笔。即便美国那些知名的自然文学作家也几

---

　　① 不同地区文字产生的时期如下：美索不达米亚约公元前 3300 年，埃及约公元前 3200 年，塞浦路斯约公元前 2200 年，克里特岛约公元前 1900 年，中国约公元前 1400 年，中美洲约公元前 900 年（来源：维基百科）。

乎都是城市人。亨利·梭罗（Henry Thoreau）生于马萨诸塞州的康科德城，一个在1840年已拥有居民5000人的大镇。爱德华·阿比（Edward Abbey），与饲养员比起来更像一个公园管理员，与牧羊人比起来更像一个护林员。他用心完成名作《孤独的沙漠》，其中也提及了重返纽约大都市的美好愿望。即便也有一些自然文学作家强调自身的乡村特性，比如让·吉奥诺（Jean Giono）或者吉姆·哈里森（Jim Harrison），但无论如何，就算大多数书籍不是以城市为目的，也会选取城市为元素进行创作。我们探讨田园文学或自然文学时，依照套套逻辑，我们就不得不谈"城市文学"。

维克多·雨果认为印刷书籍夺走了建筑在文化上的优势地位，但他却把城市看作一本巨型书，将建筑师与作家相结合、相混淆，将其视为同等的"文明传播者"："城市如同石头写就的《圣经》。它具有联合与团结意义上的穹盖、屋顶和道路；它会给你讲道理、举例子或提建议。人们走进这个奇妙的拥有建筑、墓地和战利品的大学堂中，来学着认知和平与忘却仇恨。……人类有两种书、两种记录册、两种圣约书——一种砖石垒砌，一种印刷成册；一种石质'圣经'，一种纸质《圣经》。"①

---

① 维克多·雨果（Victor Hugo），《巴黎圣母院》（*Notre-Dame de Paris*），尤金·昂迪尤尔出版社（Eugène Renduel），1832年。

无论是建筑城市抑或是书写文化，马赛仿佛彻底断绝了与这两种文明标志之间的关系。这座城市一直在为拥有不多的建筑物和不高的书籍销量表示歉意。有时候，这座城市看起来在徒劳地追赶着一种本不属于自己的文明理念。城市规划师查理·博韦（Charlie Bové）2006 年在谈及此事时说道："马赛城中最伟大的建筑，就是它的居民。"另外，民众化的口语表达方式也在马赛的文学作品中得到很好的体现。除了不是基督教意义上的书写和建筑城市以外，可以说，马赛这座在书籍出现之前就已建立的城市，它与世界之间的关系保留了某种异教徒式的不稳定性与敏感性。这也让我们学会从另一个角度去思考文明。

如果说"文明"与城市密不可分，那么，这种历史性联系自从工业时代起就被赋予了新的内涵。作为人类定居标志的城市起源于新石器时代的农业革命，它结束了人类飘忽不定的游牧式生活，让人们像植物一样有了自己生根发芽的沃土。但工业革命（人类历史上的第二次重大突破）对城市进行了彻底的改造，改造幅度之广、力度之大、数量之多，使得城市面貌发生了质的变化。因此，现代城市与之前的城市并不是一回事。之前的城市如同在可怕的自然世界中开辟出的一片文明空地，如今，它已变成一张甚至可能威胁到整个生物圈安危的全球网络。

在生态学还未出现之前，这种城市的急剧扩张已持续了一个半世纪之久。此种现象成为数量巨大的探讨、勘查、学习、调查和实验工作竞相研究的对象，也成为论文、小说、诗歌争相描述的宠儿。这些相关工作和活动与城市扩张本身相比毫不逊色，同样丰富多彩。随着城市研究进程的不断推进，图书馆里关于城市的书籍也是层出不穷，各种思想流派百家争鸣。

作为这一领域的开拓者，芝加哥学派城市社会学创建于20世纪20年代经济危机的大背景下，人口爆炸式增长和社会深层危机显露（美国南部的非裔美国人"大迁徙"）。一般说来，宏伟的城市文学的一个主要功能在于：主动发现现代城市的病症，了解其病因，进而做出诊断，或给出治疗方案。在整个20世纪，大西洋两岸的社会学研究都与"城市政策"紧密相连。社会学家保罗·布朗夸尔特在《城市历史》一书中的第一句话就很好地反映了这一点，他写道："如今城市病了，社会亦如此。"[①] 另一种与之对称的常见态度则是即便个人如此渺小与微不足道，但作者也未对当代城市脱离常规的虚幻景象做出让步，也没有把城市失常当作一种文化准则。雷姆·库哈斯（Rem Koolhaas）的名作《癫狂的纽约》（*New York délire*）就是个很好的例子，包括曼哈顿的"回顾式宣言"

---

① 保罗·布朗夸尔特（Paul Blanquart）:《城市历史》（*Une histoire de la ville*），拉德库维特出版社（La Découverte），1997年。

和后现代主义城市规划手册。

　　哲学家米歇尔·塞尔曾这样描述：在残酷的客观性面前，我们的城市变成了"这些巨大而密集的板块"，这也正是当代人类的现实写照。

> 　　通过卫星夜间观看，欧洲这个超级大都会宛如世界上最亮的星系，人口数量远超美国。它以米兰为起点，跨越瑞士阿尔卑斯山，沿着德国莱茵河和比荷卢伸展；穿越北海，横跨英格兰，通过圣乔治海峡，最后来到都柏林。从外形上看，社会整体好似北美五大湖，其组织和影响力具有同质性。这个人类社会板块影响着反照率、水循环、云或风的形成所产生的热量，且影响力由来已久，可以说它影响到自然界的方方面面，包括地球上生物物种的数量与进化。这就是现如今人类与世界之间的关系。……从此在地球物理系统中，有了以人类为物理作用者的广袤湖泊。人类是一个与大自然联系最为紧密的基因库。它无处不在。……是的，城市大都会成为物理变量，它们无思维也无须喂养，但它们的分量和影响力却是真真切切的。[①]

---

　　① 米歇尔·塞尔（Michel Serres）：《自然契约》（*Le Contrat naturel*），弗朗索瓦·布林出版社（François Bourin），1990 年。

　　工业革命不仅打破了城市与乡村之间的旧平衡（空间布局与经济布局），还打破了生态平衡。也就是说，人类和世界其他生物之间的关系发生了改变。当代城市（石油使之发生蜕变）处于平缓与相互连接的状态，这便是平衡被打破后城市所呈现的客观形态。

　　工业在城市这个熔炉中淬炼而生，反过来，它又改变了城市这个文明的母体。换言之，工业革命也是一场文化革命，城市就如同革命的圣殿和实验室。工业引发了以下四场主要的革命，这些革命改变了城市形态，同时也引起了文化即生活理念和生物圈的震荡。它们首先在 19 世纪席卷整个西方，20 世纪开始向全世界范围扩展：（1）农村人口外流，农民转变成工人；（2）医疗卫生的创新发明（如使用显微镜鉴定"微生物"）带动"人口解放"，结束了千百年来城市人口死亡率高居不下的状态；（3）内燃机的发明，使以人为中心的城市结构发生改变，开始了以四个轮子驱动的车辆（一辆车约一吨重）为主导的城市结构；（4）钢筋和混凝土的发明，提升了建设速度，扩大了建造规模。另外，还有几点因素很好地体现了世界发生的积极改变：人口快速增长，城市人口增加，农用土地减少，联通各大洲、各城市间的广阔运输网络（物资和电力方面）形成。

　　现代城市（后工业时期）的存在，大大提升了人与自然分离这种形而上学思想的可信度。有人甚至认为自然已消失，仅简单地将大自然视作人类生产活动的资源。城市成为这种思想信念的产物和证明。

具体说来，是生态学的出现结束了这种妄念。

重新发现城市中的自然和自然中的城市，这种想法被"人与自然相割离"的现代工业文明理念所中断。在试图结束"唯人类世界独尊"的城市计划的同时，城市生态学与文化紧密关联。生态学家打算进行文化上的去城市化，或者说"重新自然化"。对于哲学生态学而言，文明不是与自然相悖的对立面，而是使其升华的锦囊。

与世界其他大都市相比，马赛在以下三个方面体现了其边缘特性。首先，它处于欧洲和非洲的分界线上。其次，马赛素有"乡村城市"的美誉，强烈的地域感或者文学作品的口语表达方式都很好地印证了这一称号。从地理形态上看，当代马赛保留了英国城市学家埃比尼泽·霍华德所憧憬的城市面貌的印记。在其田园城市的规划设计中，他一直希望可以兼顾城市生活与乡村生活二者各自的优势。① 第三，马赛曾是 19 世纪世界上最大的工业港口之一，但与过去相比，如今

---

① "事实并不像通常所说的那样只有两种可能性——城市生活和乡村生活，还有第三种可能。可以把所有最生动的城市生活的优点和愉快的乡村环境和谐地组合在一起。"参见埃比尼泽·霍华德（Ebenezer Howard）：《明日的田园城市》（*Garden-Cities of Tomorrow*），桑斯与通卡出版社（Sens & Tonka），1898 年。

只是个外省小城，人口数量还不及它在 20 世纪 30 年代多 [1]。像底特律或莱比锡一样，马赛也属于人口衰退且被粗暴地去工业化的城市俱乐部中的一员。我们把这样的城市称为"收缩城市"（ shrinking city ）。从空间占有角度上看，与现在相比，"辉煌三十年" [2] 期间的马赛拥有更多的人口。之后，城市扩张而人口减少的"剪刀效应"随之出现，这也很好地解释了马赛人口密度偏低的问题。在世界城市扩张的时代，马赛这个乡村城市开始收缩，所以马赛保留了广袤的闲置空间，它贫瘠、空旷，拥有很多偏僻的角落。但换一个角度，也可以说，这座城市更具有生命活力。

尽管有些身不由己，马赛还是成了一个倾向于城市生活的地方，但同时，这里保留了之前的城市文化特征、工业城市的废墟景观，以及为明日的"自然之城"而执着坚守的信念。

---

[1] 2008 年，马赛人口为 85.1 万人（来源：法国国家统计局），比 1936 年的 91.4 万人即历史上的人口高峰期减少了 6 万多人（来源：卡西尼统计）。

[2] "辉煌三十年"（ Les Trente Glorieuses ）是指二战结束后，法国在 20 世纪 50—70 年代这段时间的历史。——译者注

第 3 章　强大驯化力

　　马赛的城市建设经历了数个世纪逐步完成，兴建轨迹好似树木剖面一环套一环般清晰明了。城市建设围绕古代中世纪的篓筐老城（伊斯兰移民聚居区）展开，第一环是带有王朝（17 世纪）标志的贝尔桑斯－圣维克托，同时城市布局也在旧港（利浦农布码头）的另一端开始进行，特有的马蹄铁形状城貌就在此时形成。该片区域从 20 世纪初开始不断开辟新的街区（美丽五月街区、五大道、天堂路，等等），这块"马蹄铁"也随之增厚和变形。自北向东，工业"港口城市"的建设造成了农舍和村庄土地的混乱，特别是在战后重建和"辉煌三十年"期间，伴随着贯穿四面八方的高速公路和大面积居民区的建设，这种混乱局面不断加重。[①]

---

　　① 蒂埃里·杜卢梭（Thierry Durousseau）:《1955—1975 年马赛居民区和住宅：精彩 20 年》（*Ensembles et résidences à Marseille 1955-1975 : vingt années formidables*），比克与图书出版社（Bik&Book éditions），2010 年。

19 世纪处于辉煌时期的马赛，围绕着"马蹄铁"四周，开始勾勒出城市中心的轮廓，其建筑风格相对一致[1]，包括玛卓大教堂和圣母加德大教堂、共和国路（1864 年建成）、工商会（1834 年设计，1860 年建成）、圣夏尔勒火车站（1848 年建成，火车站台阶 1926 年建成）和隆尚宫（1839 年设计，1869 年建成）[2]。

随着商品交易所、教堂、火车站和水塔的逐个落成，这个处于蓬勃发展中的殖民大都市展示出强劲的工业和商业实力。其雄心壮志在纪念建筑物上也有所体现：匀称且丰满的赤裸女神雕像表征了近期两大被征服的对象，即殖民地（圣夏尔勒和交易所雕像）、水源（隆尚宫雕像）。

在杜朗斯河水成功引入隆尚高地后，人们建造了一座气势宏伟的十多米高的纪念性建筑，其主体是一辆朝城市行进的华丽战车，战车中间站立着三位女性：中立者是象征杜朗斯河的女神，左右两侧的侍女分别象征麦子和葡萄。在马赛还是法兰西帝国鼎盛时期的桥头堡城市时，圣夏尔勒火车站

---

[1] 许多建筑由是同一位建筑师，亨利－雅克·埃斯佩兰迪欧（Henri-Jacques Espérandieu，1929—1974）设计建造的，如玛卓大教堂、隆尚宫、圣母加德大教堂、艺术宫。

[2] 19 世纪初，马赛缺水严重，旱灾频发。为彻底解决这个问题，马赛市政府于 1839 年建成了引杜朗斯河水入马赛的引水工程。后人为纪念这一工程，在水库上方修建了宫殿，命名为隆尚宫。——译者注

图 1　**隆尚宫**　中立者是象征杜朗斯河的女神，左右两侧侍女分别象征麦子和葡萄 © D.R.

的台阶底部，设计了同样风格的赤裸女神雕像，分别代表非洲和亚洲。机器将雕像丰满的肉身淋漓尽致地展现出来，通过这些女性雕塑形象，工业时代的人类以此喻指他们对大自然的强大驯化力。这种具有新古典主义建筑风格的寓意建筑物，展示着明确的含义和独特的意义，它甚至象征了一个不再神秘的世界，即一个开化了的世界。

总之，无论从审美还是伦理道德角度审视这座寓意建筑，隆尚宫与杜朗斯水塔都是马赛城市历史重大转折的见证，也是城市卫生建设的标志。

马赛运河的修建犹如一场农业革命，它将原本只适宜地中海抗旱作物（如葡萄树和橄榄树）种植的贫瘠土地，变成适合蔬菜种植的沃土。正如园林设计师克里斯蒂安·塔米希尔（Christian Tamisier）所说，隆尚宫是马赛"唯一一座献给土地和农村的纪念性建筑"。运河的开通标志着"马赛农业"欣欣向荣景象的开始，但回过头来看，人们决定启动如此庞大的共耗时十五年完成的水利工程（全长 80 公里，其中 17 公里地下工程，18 座引水桥），其建造初衷并非农业发展，而是抵抗霍乱。

1834 年的一场干旱导致马赛主要饮水河于沃讷河水流量大减，供水量从之前的每人每天 75 升下降为 1 升，城中不再有干净的水源可用。霍乱随之爆发，造成 865 人死亡。次年，死亡人数增加到 3 倍，高达 2576 人。此外，河水及井水也已不再能满足马赛人口增长（15 万居民）的需求。面对如此令人惶恐的卫生状况，市长马克西曼·孔索拉（Maximin Consolat）于 1834 年决定，修建引杜朗斯河水入马赛的运河，"不管发生什么，不惜一切代价"，这句话很好地表现了他坚定的决心。希腊统治时期，马赛依靠被称为"第二海水"[①]的篓筐区地下水生活；但现在的工业城市需要一条真正的河流。马赛原本没有，因此它需要自己建造。

运河修建计划是在巴斯德医学取得突破之前进行的。1834 年，人们甚至还不了解病菌或细菌等病原体。"微生物"（microbe）一词在 1878 年才出现，由一位如今已被遗忘名字的法国医生提出。就在一个月之后，1878 年 4 月 30 日，巴斯德在医学科学院作了具有历史意义的报告《病菌理论及其在医学中的应用》（*Théorie des germes et ses applications à la médecine et à la chirurgie*），提出微生物是引起某种疾病的根源的观点。在 19 世纪 30 年代，即便人们知道鼠疫是能够传染的，但它与水之间的关系还远远未被认识到。当时"瘴气理论"（théorie des miasmes）盛行，认为传染病是靠气体传播的。

在巴斯德之前，真正的转折点出现在 1854 年，也就是决定修建马赛运河之后的二十年。在伦敦爆发严重霍乱后，人们开始思考霍乱是否经水传播这一问题。同样在 1854 年，意大利解剖学家菲利波·帕齐尼（Filippo Pacini）第一次将这种疾病的元凶——霍乱弧菌（Vibrio cholerae）分离出来。在这

---

① 皮埃尔·维达尔-纳凯（Pierre Vidal-Naquet）:《河流、运河和大海：马赛水系》（*Les Ruisseaux, le Canal et la Mer : les eaux de Marseille*），拉马丹出版社（L'Harmattan），1995 年。

些创举还未出现的前二十年，在"瘴气理论"盛行的年代，马赛就已决定建造运河，成为城市建设中的拯救者和表率者。

瑞士研究者雅克·维卡里在《城市生态学——城市生死之间》①一书中指出：自城市诞生以来，在其历史发展进程中，最具决定性的事件是病菌、病毒和细菌的发现，它们的发现撕掉了城市背负了数千年的一张标签，即城市曾被看作是疾病与死亡之地。大量的相同物种的个体聚集在一个有限的空间内，不可避免地导致各种肉眼可见或不可见的共栖物和寄生物的繁殖。从这个角度看，城市是"单一种植"方式。然而，这种单一方式属于一种暴力行为，完全是"反自然"的表现，它会助长鼠疫或蝗虫瘟疫等流行病的传播。不稳定、不健康的城市体系对健康的乡村个体造成巨大影响。对维卡里而言，城市如同等死之地，直到牵动世界人口健康问题的卫生革命到来，这种局面才开始扭转。自从发现病菌并确定水是其传播的主要载体，卫生问题就开始引起世人的广泛关注。当然，卫生也是世界人口"解放"和城市膨胀的一个关键因素。跨过了数万年的历史长河，终于，世界人口于1800年达到10亿，此后仅用150年，就达到20多亿；从1960年

---

① 雅克·维卡里（Jacques Vicari）：《城市生态学——城市生死之间》（*Ecologie urbaine, Entre la ville et la mort*），因弗里出版社（Infolio），2008年。作者是建筑师，日内瓦大学人类生态学和环境科学中心主任。

起，世界人口开始有规律地增长，每12年增长10亿。在欧洲，19世纪末20世纪初，城市人口已占多数。正如我们所知，2000年年末，世界范围内的城市人口已超过农村人口。

19世纪中叶，隆尚宫领先一步，重视水源和卫生在工业城市发展中的重要性，工业城市也以此为根基，开始了全球范围内的壮大队伍、扩充领地的步伐。我们可以看出工业、卫生、城市扩建和殖民扩张是相互依存的。马赛运河于1849年完工，圣夏尔勒火车站于1848年投入使用，与此同时，也就是1847年，法国攻克阿尔及利亚使之成为殖民地①——"这三年发生了翻天覆地的变化"。

当然，隆尚宫的成功模式是大量物资（经济资源和人力资源）共同铸就的成果，它实现了人们的预期，解决了一个十分重要的公共健康问题。但与这个人类历史上的重要转折点密不可分的是，人类获得"文明"战胜"自然"的成就感，即人类与自然区别的具体实现，在此之前只是一种哲学观点。纵然因修造运河而挖掘出意想不到的富饶丰裕的土地，但隆尚宫并未被视作一个献礼大自然的纪念物，因为它所颂扬的是人类对自然的统治，而非大自然的力量。尽管杜朗斯雕像的建造灵感来源于古代雕塑，但它并不意味着一尊新的阿尔

---

① 1830年，法国部队在非洲西迪费鲁希登陆；1847年，阿尔及利亚反法国殖民主义武装将领阿卜杜勒－卡迪尔（Abdel-Kader）投降。

忒弥斯神像（狩猎女神，文明世界与蛮夷世界交替时期的神灵，其神庙位于古代马萨里亚①，与阿波罗神庙相邻）。与阿尔忒弥斯神像相比，杜朗斯既不神秘也不高深，既无光晕也无权力。如今凭借人类的建造智慧，女神已不再遥不可及，我们在城市中可以随时目睹她的绰约风姿。杜朗斯女身雕像暗含两层含义：它既被人性化，又受人类（男性）统治。主张自然应由文明统治的思想同样认为：女性由男性统治，土著人由西方人统治。希腊诸神都具有人形，但他们依然是神。自从人类社会进入工业文明时代开始，机器成为文明规划蓝图的中心，这些被神化的人形雕像试图掩盖这个真相，但这一切都是徒劳的。

"驯化"（拉丁文 domus，亦指"家"）一词是指在人类活动影响下使动物物种发生改变，也是指将野生生物领进家门并使其适应环境的行为。事实上，在我们将大自然带进我们的城市的同时，我们已对世界进行了文明化的改造。从词源

① 斯特拉波从地理学角度出发，介绍了阿尔忒弥斯在马萨里亚的重要地位："马萨里亚城，最初由弗凯亚人在布满石块的土地上建立；其港口朝南，呈阶梯状向下延伸直至岩礁区，高大宽阔的城墙围绕着整个城市。"马萨里亚卫城有两座神庙，阿尔忒弥斯神庙（Ephesium）和阿波罗神庙（Delphinien），后者献给爱奥尼亚人共同崇拜的阿波罗（Apollon Delphinien）；前者则特地献给以弗所的阿尔忒弥斯女神（Artémis d'Ephèse）。参见古罗马地理学家斯特拉波（Strabon）的《地理学》（Géographie）一书第四章，1975 年由美丽文字出版社（Belles Lettres）出版。

意义上讲，就是使大自然城市化。因此，依照一些论调，生态学是"一门有关人类的地球家园的科学"。然而，"生态"一词源于古希腊字"家"（oïkos），并不是因为地球是"人类的家园"，而是因为生态学是一门研究生存环境即生物体与其周围环境相互关系的科学。它强调的是集体的"生存环境"，而非片面的人类的住宅（人类定居标志）。所以，它不是单一主张"保护地球"，而是"改变我们对生态环境的驯化行为"。

由"文明过度"引发的退化论（即认为工业革命带来了过度丰富的物质享受）成为 20 世纪初人类的顾虑之一，尤其是两次世界大战期间。法西斯主义将该主题纳入重点宣传范畴，力图证明自身理论便是这种退化的解药。与德国种族理论中不符合逻辑的"犹太因果关系"假定说法相反，1940 年在德国，动物行为学创始人康拉德·洛伦茨提出了一种退化替代理论，即"自我驯化"（l'autodomestication）理论。他指出这种"自我驯化"是西方人特有的表现。[1] 抛开部分自然选择机制来看，人类与家畜其实处于相同的条件中。把受过教化的人与被驯化的动物进行比较，洛伦茨发现了三个典型的"驯养退化"症状：缺乏对可以导致肥胖症的旺盛食欲的控制

---

① 康拉德·洛伦茨（Konrad Lorenz）：《对物种典型行为进行驯化而导致的紊乱》（*Désordres causés par la domestication du comportement spécifique à l'espèce*），《应用心理学与人格研究杂志》（*Journal de psychologie appliquée et d'étude du caractère*），1940 年。

机制；性欲调节和性早熟问题；幼稚型退化，即成年人的行为举止不成熟（依赖父母或沉迷游戏）。肥胖症、强迫性性行为、神经官能症……这个清单恐怕会越列越长，令人担忧。我们不禁要问：兽性是否应该与文明相生相伴呢？

对于生态思维而言，需要维护驯化的文明。具体来说，就是要避免将地球变成一个私人"住宅"。

第4章 城市生态创想

十五年来，生态学家菲利普·克莱尔若（Philippe Clergeau）和社会学家纳塔莉·布兰克（Nathalie Blanc）领导一些法国研究人员，开辟了有关科学生态学和城市自然表征研究的新天地。相关研究从生态、社会和政治三个方面展开：

（1）城市空间吸纳更多与其相匹配的动植物；

（2）了解城市大自然的社会需求，认识到这种需求已超出了"一般意义上"的公园和花园的供给；

（3）在"可持续发展城市"的框架内，营造有利的政策环境，以推动城市生态学的研究。

随着"城市绿网"（trames vertes urbaines）研究项目的启动，这些工作在 2009 年已初具规模。同年，该项目又在格勒纳勒环境会议上被提及，进而使得"城市中大自然"这一主题引发热切关注。①

　　这个有关城市生态的国家研究项目在马赛一经推出，便随之引起对该主题和欧洲地中海城市发展公共机构的"可持续发展"转型的热议，它推动了新的政治动员活动并促进达成共识。② 在 2009 年之前，这样的城市自然主题还不存在，现在经过两年时间，它已根植于地方政策中。

---

　　① 在法国，2009 年是有关"城市中大自然"体制制定的关键一年，它标志着法国国家科研署的"城市绿网"项目（2009—2012 年，法国国家科研中心研究项目）在六个城市（巴黎、斯特拉斯堡、昂热、雷恩、蒙彼利埃、马赛）启动。与此同时，这也是格勒纳勒环境会议的第一次大讨论，为次年雄心勃勃的城市发展框架计划打下了坚实的基础。该计划分为三个主要方面："1. 使城市体系扎根在其自然和地理环境中；2. 保护并开发自然空间，数量与质量并重；3. 促进城市自然的文化和管理共享。"

　　② 这样的景象在几年前还难以想象，2011 年 1 月 24 日，城市发展规划会议在法罗宫马赛－普罗旺斯大都市礼堂召开，会议聚集了来自"城市自然"领域的研究人员、政策制定者和决策者们。在庆祝由法国国家科研署（法国国家科研中心，CNRS）资助的多学科研究项目"'城市绿网'评估和基准制定"恢复的同时，马赛－普罗旺斯大都会市镇联合会还借机邀请了城市自然领域的地方行政单位的代表，其中包括马赛－普罗旺斯大都市（MPM）社区空间发展管理处，当前研究计划：地方城市发展规划（PLU），包括软出行路线和气候计划；普罗旺斯－阿尔卑斯－蓝色海岸大区地区环境整治及住房管理局（DREAL PACA），当前研究计划：地区绿蓝网络；马赛城市可持续发展管理处，当前研究计划：地方城市发展规划（PLU）；欧洲地中海公共机构，这家机构提出了关于 2020 年雄心勃勃的新城市建设项目，包括艾加拉德河剩余 1/3 长度的修复工作（目前河流已损毁）。尽管代表们的观点、项目、推理方式和治理方法不尽相同，大家各抒己见，但其最终目的还是基本一致的。如今，对于城市中大自然这一主题，各个机构都表现得十分积极踊跃。在这个问题上，虽说马赛不是"可持续发展"领域的先锋城市，但大家现在愿意坐下来进行积极的探讨就是一种进步。

菲利普·克莱尔若向我们讲述了 20 世纪 90 年代初，鸟类是如何引导他转向对城市生态系统的研究的。

我本是一个生物学家，专门从事鸟类研究。起初，我在法国国家农业科学研究院（INRA）从事"农作物病虫害"研究工作，主要研究鸦科鸟、椋鸟、海鸥等。当我的这些鸟类研究对象逐渐迁居到城市后，我也追随它们转向城市。因此，我向国家农业科学研究院提出对城市鸟类研究的建议。当然，他们对此并不十分感兴趣。这种城市与乡村的区分，不仅应得到公众舆论的认可，还应该获得政策支持。这种区分也立刻成为我需要面对的主要问题。

我的第一个城市任务，就是向环境部提交一份名为"新迁入城市中的鸟类"的报告。那时，在世界范围内，城市鸟类研究还基本属于一个鲜少被涉足的领域。20 世纪 90 年代，我们是对该主题展开探索的第一代研究人员，比如英国的凯文·J. 加斯顿（Kevin J. Gaston）、波兰的马切伊·卢尼亚格（Maciej Luniak）、美国的罗伯特·B. 布莱尔（Robert B. Blair）。

后来我发现，城市并不适合生物学家，它属于人文科学领域。差不多是在法国举办的第一次城市生态研讨会（1996 年在拉维莱特）上，只有那些哲学家（擅长人文科学的专家学者）出席。与克里斯蒂安·卡尼尔（Christian Garnier）一起，我们在会上做了一些基础介绍，引起了强烈争论。当时一位知名的城市研究学者竟然这样对我说："生态法西斯主义不可能行得通。"他的话让我震惊，久久不能平静。之后，我就去了国外，与加拿大人、意大利人、芬兰人一起工作。

借助景观生态学理论，我发现了一个合适的研究方法，可以将鸟类问题转换成城市空间中的生物多样性问题。景观生态学提供了一个全面的研究方法。它把城市空间看作一个系统、一个整体，其本身处于一个区域空间中。通过对景观生态学的探究，我立刻相信景观生态确实给城市生态学提供了一个新的范式。[1]

让我们尝试划定城市生态学研究对象的范围。生态学的"经典"研究对象是生态系统，如果从概念出发，它是指一个相对孤立和相对同质的系统，如湖泊、岛屿或森林。这个研究模式不适合对城市环境中生物的研究，因为城市环境是一个"被扰乱"、被修改和破碎化的区域。生态学家抓住

---

[1] 菲利普·克莱尔若出席了由马赛市规划局（AgAM）于 2010 年 4 月 28 日在马赛建筑之家举办的会议。这里的内容引自媒体在会议结束的次日对他进行的采访。

20世纪80年代生态学发展的大好时机，促使"景观生态学"（l'écologie du paysage）在这时期出现。当时，景观生态学仅仅是针对比生态系统高一级的层次进行分析的一个理论工具，具体说来，是对被工业时代的道路和其他设施修改并分割的环境进行分析。

通过对高于生态系统（湖泊、树林、草原、小岛）层级的更为广泛的山区或山谷的整体研究，法国专家米歇尔·戈德龙（Michel Godron）和美国专家理查德·T. T. 福尔曼（Richard T. T. Forman）于1986年明确了景观生态学的原理。[①] 从理论上看，人及其格局都属于景观的一部分；从实用角度讲，"景观"是一个适宜与规划师进行直接对话的层级和理念。景观生态学被构想成一门旨在描述生态状况的"行为科学"，它不仅为现有事物的存在提供依据，还力图推动事物发展的进程。为了清楚地了解被修改的自然空间的演变过程，我们需要哪些行之有效的新的分析工具呢？

福尔曼和戈德龙对景观做出如下定义："景观，指由一组以类似方式重复出现的、相互作用的生态系统所组成的异质性地域。"这个新的研究对象是一种"平齐式"生态系统，与

---

① 理查德·T. T. 福尔曼（Richard T. T. Forman）、米歇尔·戈德龙（Michel Godron）：《景观生态学》（*Landscape Ecology*），约翰·威利父子出版公司（John Wiley and Sons），1986年。

两名法国研究者布朗丹和拉莫特 1988 年所提出的"生态复合体"相近似。在福尔曼和戈德龙的景观学说中，还增加了这样的理念，"相互作用的生态系统"，即在一个给定的景观内，组成一个图形、一个结构，并且以类似方式重复出现。景观中的辩证法体现在空间内部的多样性和多样性重复上；进一步讲，恰恰是这个多样性的重复构建了景观。比如以欧巴涅的广袤农田作为研究对象，我们面对的是一个相对同质的农田整体，这个整体又由多个重复出现的异质小块土地组成。尽管有一些建筑物和道路零散地存在于这个整体之中，但蔬菜种植的农田格局（田地和大棚）在这个整体中所占的主导地位不变。我们研究的对象确实既具多样性又具相对的统一性，从某种意义上讲，它如同一个拼版，由分开的不同小块拼凑而成，而这些小块又很相似。

生态系统是由其内部规则调控的原始自然模式作为生物圈的一个真实样本，而从定义上，景观则是被修改的对象。20 世纪 80 年代末，在景观范围内，人类活动的影响已是无处不在，并且构建了现存物种的生活条件。在 20 世纪上半叶的新兴生态理念中，即瓦尔明（Warming）、克莱门茨（Clements）、坦斯利（Tansley）的学说，人类仅以"干扰者"的身份出现，也就是说，人类作为研究对象的外部因果关系出现。瓦尔明在 1896 年发表的著作《植物生态学》中详述了这一点。[①] 与此相反，在景观生态学中，我们将人类的出现与行为纳入分析考量范畴，甚至将它们列入研究对象的上游行列。因此，景观生态学可视为被工业社会人类活动所"改变的景观"的生态学。对景观生态学而言，人类通过基础设施建设已将生物圈变成自己的殖民地。在生态系统中，人类处于外部位置；反之，在景观理论中，人类被看作景观的一部分——因为自农业文明开始之日起，人类就影响着景观的形成。尤其是人类活动主要以直线线条形式呈现，创建了景观的"镶嵌"尺度，比如众所周知的道路、铁路、带护栏的运河，同样还有树篱或土路。如果说某些线条构成了清晰的边界，比如公路和高速公路（对于某些陆地物种而言是无法通行的），那么，另一些线条则构成了无法穿越的障碍物，比如树篱。有时，同一个结构对于某些物种来说是一个屏障，而对另一些物种而言则是通道，比如树篱或土路。

景观生态学的主要概念直接由破碎化这个核心问题派生而来。构成景观结构的基本要素包括：斑块（tache，一个物种能够在此生存和繁殖的地方）、廊道（corridor，允许物种到达另一个斑块的通道）、坑（puits，保存完好的野生区域、生物多样性储存地）。这个破碎化的背景作为景观的基底，我们

---

① 尤金纽斯·瓦尔明（Warming）：《植物生态学》（*Ecologie des plantes*）第 23 章，约翰·威立出版社（John Wiley），1896 年。

将其称为基质。基质可以涉及不同的范畴，比如农村或郊区，其引起的破碎化程度等级不同。对于同一个地点，根据给定的物种的不同，它可以同时显现出多个要素特征，比如树篱，它可以是一个栖息斑块（对于喜鹊）、一个廊道（对于松鼠）或一面墙（对于蝴蝶）。

景观生态学，一门研究被修改的自然空间的学科，致力于区域范围内空间健康状态的整体改善工作。为大自然的保护，或者为公园和自然保护区的"维护"提供了补充观点，是"正确使用"自然空间理念的体现[1]。景观生态学者力求与规划者们进行直接对话，并与其达成共识，目标就是实现人类发展与健康生态空间的共存。城市生态把连通性作为口号，尽可能地重建动植物生境之间的联系，这种联系长久以来一直被人类的基础设施所打断。这里的定量问题实质上是定性问题，也是景观生态学的典型问题之一，就是一个单一的大斑块更有效，还是多个小的斑块更有效（即 SLOSS 之争：一个大保护区好，还是若干小保护区好的争论）。在创建连续性的方法中，位于道路下方或两个底面之间的廊道，比如，一条位于两个斜坡之间的凹陷路径（斜坡两边的树木最终相

---

① 在此，我们把凯瑟琳（Catherine）和拉斐尔·拉雷尔（Raphaël Larrère）的《大自然的正确用法》（*Du bon usage de la nature*，奥比耶出版社［Aubier］，1997 年）一书中的广义思想，应用到了一个相对狭窄的背景中。

连），这种格局比开放路径的空间更具连续性。

"网络"概念是在连通性指令的基础上发展来的。网络是指流通的网状系统，它是反破碎化的体现。这个灵感直接来自景观生态学思想的"网络"构想，也是欧洲"Natura 2000"自然保护区网络计划的基础构思[1]。该计划于1992年启动，其目的是铺开一张广阔的欧陆绿色大网，以修复生物世界中这块不经意间已被撕裂和损坏的天然织物，并以此来减缓地球第六次生物大灭绝的脚步[2]。

如今我们所熟悉的城市生态学，可以说是景观生态学在城市领域中的应用。就像生物学家菲利普·克莱尔若在对城市生物多样性动态进行框架分析时，发现了景观生态学在该研究领域的重要性，于是在20世纪90年代初，他便将工作重心转向景观生态学。为了在城市景观基质背景下确定斑块和廊道，看清它们是如何与城市基质外部的自然区域相连接的，以更好地实现连通性目标，即以景观生态学模式为出发

---

① Natura 2000 是依照1992年5月21日《92/43/EEC 号欧洲野生动植物自然栖息地保护指令》(directive 92/43/CEE sur la conservation des habitats naturels de la faune et de la flore sauvages，又称"栖息地指令"[Directive habitat, faune, flore]) 建立的自然保护区网络。其建设工作仍在进行中，它将实现1992年里约热内卢地球峰会上通过的，并于1996年在法国获得批准的《生物多样性公约》(Convention sur la diversité biologique) 的目标（来源：维基百科）。

② 全球有八分之一的鸟类、四分之一的哺乳动物、三分之一的两栖动物和 70% 的植物正面临灭绝（来源：世界自然保护联盟，2007年）。

点，确定城市生态学的研究范围和方法，景观生态学理论在城市领域中的应用因此顺理成章地推动了"城市绿色网络"的建设。

但是，从景观层级过渡到城市层级，两者之间存在着差异性，城市生态学家们的这个构思将面对不同环境、不同需求及不同效果的挑战。

首先，将景观理论移至城市中，其效果并非那么显而易见。尽管城市不是一个同质的生态系统，但它也绝非农村或郊区那样的环境。城市空间的实际情况几乎与福尔曼和戈德龙在"景观"中描述的情况相反：城市"基质"是一个被修改的、"变性的"的空间，或者说，在缺乏土壤的情况下，它几乎完全是惰性的或人工的，而且公园和花园中的一些绿地本身通常并不具有生活的自发性，一般专用于早熟禾（Poa）草皮的种植。但这些都还远远不能足够说明连通性存在的问题。

其次，准确地说，城市一般指市区，它不包括景观生态学所针对的乡村或郊区被修改的大面积区域。也就是说，从严格的保护生物圈健康的角度看，打造城市绿色网络似乎比打造区域和大陆绿色网络更加不确定。在某种意义上，城市生态学只是景观生态学的一个子件。

如果说城市生态学在保护生物圈健康方面没有发挥重要作用，它反而可能具有一种更为强烈的象征意义。换言之，与纯粹的生态学说相比较，可能其所具有的文化意义更加明显。

在城市规划的历史上，"绿色网络"这一概念确实堪称一个全新的模式，这在科学的生态学出现之前是难以想象的事。如果把"修补乡村景观网络"的想法理解为保护自然的整体计划（存在于整个 20 世纪）中的一隅，那么，在城市空间中创建自然的连通性，即把城市纳入生态学的研究对象以及"大自然"之中，相当于一场小型的思想革命——它结束了数个世纪以来，一直将大自然看作个人和社会的简单装饰品的城市规划。城市绿色网络作为一个城市规划项目，势必会与城市规划的主流观点正面碰撞，它将用一个全新的角度对其作出回应，并开启一种城市领域的新体验。

城市生态学让我们认识到一些新问题，比如我们所说的"密度矛盾"（paradoxe de la densité）问题。为抑制由 20 世纪的城市扩张而导致的环境日益恶化，城市必须提高密度以减少占地面积。但除此之外，如果城市打算提高生物多样性的水平，不再像一块贫瘠土地那样运行，就不应该是一个建在具有渗透性土地上的密实的混凝土孤立地带。那么，如何让城市在保持高密集度的同时又能使自然廊道顺利贯通呢？面对这种矛盾，一个可行的解决方案便是制定了"雏菊"计划（plan dit "de la marguerite"）。顾名思义，该计划意在以一个城市小中心为出发点，植物廊道如同菊花瓣一样舒展开来向四周延伸，在众廊道之间既彼此分离的同时，又确保了城市整体空间良好的连续性。

在对城市使用景观生态学这个工具时，城市生态学家强调了城市空间与生物圈剩余部分的连续性。城市是大自然的延续，它是一个被遮盖的、被损坏的、人口过剩的、破碎的、充满壁垒和障碍物的大自然。但无论如何，它也是一个拥有众多生命形式的生物圈的一部分。

当我们认真探索大自然中的城市这一主题时，我们会发现最初的城市中的大自然这个问题也随之变得丰富起来。然而，自然的边界到底在哪里？城市的起点又在何方？城市本身是大自然的一部分吗？抛开单纯的城市规划来看，我们已感知到，我们对城市、集体生活和文明所形成的概念，已深受城市生态学的影响。

城市是文明人类的自然栖息地。

……

所有伟大的文化都诞生于城市。

……

世界的历史即城市居民的历史。

国家、政府、政治和宗教——这一切都基于人类生存的基本现象：城市。

——奥斯瓦尔德·斯宾格勒（Oswald Spengler），
《西方的没落》（*Untergang des Abendlandes*）

第 5 章　什么是城市生态学？

在生态学正式扩展到城市领域之前，城市生态学这个概念早在 20 世纪初就已经出现了，对它的研究则是起源于 20 世纪 20 年代的美国芝加哥社会学派。

芝加哥学派城市生态学的基本观点是：不管现代人是否生活在城市，从根本上讲，他都是一个市民。人所使用的物品，以及人与他人、权力、宗教和土地的关系，都深受城市文化的影响。总体来看，"文明"是在城市中打磨而成的。如果说我们所了解的工业城市是现代文明的写照，那么文化人类学必然与城市社会学密不可分。如果要了解人类，就必须要认知城市。在不考虑城市的空间局限、技术和社会问题的前提下，对于芝加哥学派而言，城市是一种文明、一种心态、一个整体的文化现象。

那么，如何来研究如此广阔的、丰富的和复杂的城市空间呢？芝加哥学派的主要代表人物之一罗伯特·帕克（Robert Park）提出了一个创新的方法。芝加哥学派对社会

042 阶层的空间分布形式进行了深入探索，他们认识到社会和种族隔离的严重问题，帕克提议用二十年前由植物学家尤金纽斯·瓦尔明制定的分析工具进行研究，即便研究背景完全不同。帕克主张将植物群落分布及其生态演替的科学理论应用于城市空间中的人口研究上。那么，这里就涉及一个很明显的自然主义假设，即人类个体在城市空间中与植物在自然界中的基本分布法则都是基于同一个大自然而制定的。也就是说，社会阶层在城市中的布局，如同植物在山丘上的布局，简言之，就是人与植物一样同为生命体。但这并不是说完全把城市当作山丘，或把社会阶层当作植物物种，只是在植物—山丘体系和阶层—城市体系之间做一个类比假设，即一次关系识别推理。人类个体在城市空间中的分布（基于个体的种族身份和社会身份）被假定为类似不同植物物种在自然空间中的分布，更进一步的假设就是城市空间只是自然空间的一个特例。

　　这个类比为这门新的城市科学——芝加哥学派城市生态学，提供了研究基石。该学科的现代性特点有目共睹，其理论贡献也至关重要。

虽然以这个具有开创性且前景可观的理论为基础，但帕克及其同事所给出的研究思想却完全且彻底地缺乏自然生物（非人类生物）这一要素。矛盾的是，对于帕克，"城市中的自然"这个问题似乎并不存在。依照他的学说，城市甚至似乎并不处于自然界中。他也没有提及城市以外的研究对象。如果是这样，他们又怎能证明，其研究触及了真正意义上的城市生态学领域呢？这也是社会学研究的通病[1]，人类社会似乎停止在一个纯粹的以人类为中心的世界中，没有大地和天空，没有植物和动物。在确定"社会参与者"的实体性时，没有对它们的活动进行分析，导致其独有的自然性与社会性混淆不清。虽然帕克的城市社会学建立在自然主义的假设的基础上，但他研究的城市却与非人类生物世界没有任何

---

[1] 只是从20世纪80年代起，社会学才开始着力研究人类主体与自然实体之间的关系——这种自然实体通常被称为"非人类"，且留下了悬而未决的哲学本体论地位问题。伯纳德·皮孔（Bernard Picon）的《卡马格的空间与时间》（*L'Espace et le temps en Camargue*，南方文献出版社[Actes Sud]，1978年）就是一部具有开创性的著作。目前，科学社会学家布鲁诺·拉图尔（Bruno Latour）已经开始对这些问题展开深入研究。

044　　关系。[①]

当代意义上的城市生态学（德国赫伯特·苏科普［Herbert Sukopp］或法国菲利普·克莱尔若［Philippe Clergeau］的观点）把大自然设想成完全是非人类生物存在的自然；芝加哥学派城市生态学则恰恰相反，只反映了纯粹的城市社会学思想——这似乎并不符合它自己的基本理论假设。依照其理论假设，"城市本应是大自然的产物，人类与自然相互交融"。至此，被称为"城市生态学交错配列"的问题摆在我们面前。一方面是非人类生物的城市生态学，另一方面是以人为本的城市生态学——这两个学科都固守自己的阵地，忠实于人文科学和自然科学相区分的学术教条。忠于先进化论者

---

　　① 如果想要进一步了解人类城市生态学和非人类城市生态学之间的这种对立，我们不得不提及另外两位重要的代表人物。首先是德国植物学家和生态学家赫伯特·苏科普（Herbert Sukopp，1930—），他在1958 年发表了有关柏林沼泽地的论文，并加入城市生态学第二释义研究（城市生态系统研究）中。其次是比利时学者保罗·迪维诺（Paul Duvigneaud），他通过受奥德姆生态模式（modèle odumien，即生物地球化学循环的研究，对水流、物质和能量进行量化，通过植被样条突出空间组织）启发的定量研究方法，系统地推进了"Urbs"（他给予"城市"的通用名）生态系统特点的确定。在城市生态系统中，生物群落是一个"人类群落"，太阳能源被化石能源取代，"无土壤"参与的水循环由外部流入/充沛径流所主导。但是，迪维诺的理论并不能因此成为"我们寻求的第三条道路"，因为其理论没有考虑人类和文化因素。迪维诺的城市生态理论是当代城市生态学在"能源"或"数量"上的变形，该理论把人类世界置于纯粹的生化和物质范畴内。参见 http://www.centrepaulduvigneaud.be/biographie .htm#urbs。

（préévolutionniste）的现代二元对立论仍然在人文科学中占主导地位，该观点认为人类不完全是大自然的一部分。

对于名为"城市生态学"的研究领域（可以与菲利普·德斯科拉［Philippe Descola］的"自然人类学"这个名称相对比），尽管它看起来并未要求人们去思考人与大自然的对立面，但仍对这种对立保留着一种依附关系。当然，这两种学说中的任何一种，都为我们通读马赛这个城市提供了必要的工具——无论是去了解马赛的第三种景观，还是去发现其社会和种族的破碎面。但其中的任何一种学说，都无法解释这个城市是大自然的真实写照这一独特的事实。

马赛这座城市所拥有的自然天性，能够帮助我们实现更有成效的城市生态学目标吗？

阿尔及尔（以及其他某些特殊的地方，譬如那些临海的城市）却像一张嘴或一处伤口似的，敞开在苍穹之下。

——阿尔贝·加缪（Albert Camus），《婚礼集》（*Noces*）

第 6 章 外部城市

在这片广袤无垠的地域上，城市不断展示着它特有的魅力。辽阔的马赛平原有数万公顷面积，面对带着弗里乌（Frioul）和里乌（Riou）两个群岛的大海湾，艾加拉德河（Aygalades）、于沃讷河（Huveaune）和雅尔雷河（Jarret）三条主要河流流过。平原上还耸立着许多小山丘，包括圣母加德－鲁卡斯－勃朗（Notre-Dame-de-la-Garde-Roucas-Blanc）、帕尼耶－卡尔姆(Panier-Carmes)、圣于连（Saint-Julien）、圣玛尔特（Sainte-Marthe）、圣安托万－拉维斯特（Saint-Antoine-La Viste）。其西部以 20 公里长、呈阿拉伯数字 3 的形状的海岸线为界，其他方向则以 6 个独立的山脉为界。它们同时构成了一个阶梯剧场形的奇特外观，由北向南依次是：月形的拉奈特（La Nerthe）、气势恢宏的埃图瓦勒（Etoile）、加拉邦（Garlaban）的幽密山谷、卡皮亚涅（Carpiagne）的天然壁垒、皮热（Puget）山峰和马赛维尔（Marseilleveyre）的巴洛克小海湾。置身于这座城市，我们可以随时欣赏到山丘、山脉、大海或岛屿的秀美景致，有时这四种风光会一同尽收眼底。

马赛山丘高度一般为 120 米，其特有地貌不断演绎着自己的精彩。由众多不同的观察点鸟瞰这座城市，我们经常有机会感知它的宽度，却从未有机会拥抱它的广度。从周围的任何一座山脉望去，都可以领略城市及阶梯剧场的风光；从各个接合点出发，都能够观览其美景，但却很难探究其全貌——这一点，很少有城市能够做到。我们热爱这个城市已久，我们一直试着探索发现，以便更深入地了解它那巨大却略带疲倦的身躯，其中掩盖着某些不尽如人意的隐蔽角落。

巨大的城区曾面对工业和人口衰退的局面（在 20 世纪后半期一直持续），这也促使了市中心外部景观的形成（汇集了城市代表建筑和旅游景点，但仅占马赛建筑面积的 1/10[①] ）。马赛主要呈现出一个松散和零落的空间面貌，住宅群、工业建筑物和植物荒地毫无秩序地混合在一起。因此，马赛城周各种景色并存，既有工业遗址的苍凉之美，又有乡野田园的自然之美（例如 14 区圣玛尔特周边）。即使在鲁卡斯－勃朗的高档社区亦是如此，占地广阔的寓所花园、相互碰撞的大海和混凝土，以及房屋脚下层出不穷的石灰岩，每个景观都

---

① 在国家大道—萨卡基尼大道—小普拉多这个多边形区域中，矗立着一个相对同质的建筑空间，它展现了城市密度的空间连续性。它作为马赛市镇的一部分，基本上符合 19 世纪的城市建设风格，占地约 15 平方公里（市镇总面积 260 平方公里，建筑面积约 150 平方公里）。

无时无刻不向我们展示着大自然的主权。伴随着炙热的阳光、强劲的风力、繁殖旺盛的海鸥……忽然间，我们不觉得是置身于城市，而是感到真正地伫立在世界之中。

位于政治疆域（人类支配）和海洋领域（自然很快重掌支配权）分界线上的沿海城市，通常会聆听到不同于内陆城市的声调。在日常喧嚣的海浪声中，人们不仅听到地球最古老的唱音，还听到人类这种哺乳动物所居住的地球与海洋之间经常性的对话，这也是驯化与野生之间的对话。这里的房子带有露天阳台，一年中我们有六个月时间可以在露台上用餐；还有维里尔或阿布里海滩的滨海小屋，配上塑料餐桌、小冰柜和烧烤架，俨然就成了一个绝佳的夏季寓所。这样的城市生活如同在自己家中一样的惬意。至此，外部与内部、私有与公共、城市与自然、个体与世界之间的界限变得模糊起来。人们在马勒穆斯克的海边岩石上，浇灌几桶水泥，将坑洼处填平，便建成了一个将浴巾放置在上面就可以好好休憩一番的歇息地。对于人类建筑，哪怕是性能较好的铁和混凝土材料，也终会锈蚀或磨损，无法成为永恒。人们清楚这一点，并在其行为中表现出来。以一项"事业"或某个作品的名义而奉献一生，看起来是一件不可思议的事儿。比起建立一个长期的职业生涯，人们更喜欢品味当下的生活乐趣。这里的生活饱含远古时代（无人类时期）的遗风——这种远古风范先于我们，又终将接替我们，也是它带领我们走进世界的中心。但又有谁知道，人类是如何在这个古老海岸旁，建立起自己的王国的呢？

克洛德·列维－施特劳斯认为，"海岸及其边缘地带（退潮使其范围延伸）一直与人类争夺着统治权，它们向我们的事业发起挑战，它们掩藏着鲜为人知的世界，同时，它们又向我们提供观测信息和丰富的想象素材"。[①] 在一个像马赛这样的海滨城市中生活，每天当我们走出家门，就可以感受到别样的气息。

如果现代城市的范例是肠道城市，或是"拱廊街幻想"（fantasmagorie des passages couverts）即瓦尔特·本雅明（Walter Benjamin）的"19 世纪的巴黎"模式或"拥挤谵妄"（délire de la congestion）即雷姆·库哈斯（Rem Koolhaas）的"20世纪的纽约"模式，那么，马赛则明显属于另一个城市类别，我们可称之为"外部城市"。在这里，我们没有将文明发展建立在征服之上，我们没有将人类的崇高从大自然中剥离。在马赛，人们钓鱼、打猎、沐浴，在沙滩上野餐，或是赤裸上身乘坐公交，这一切的行为与活动似乎有些与"城里人"这个词不相符，也与其规范不相称。

从某种程度上说，马赛与自然之间的这种关系，也是许

---

① 克洛德·列维－施特劳斯（Claude Levi-Strauss）：《忧郁的热带》（*Tristes tropiques*），口袋出版社（Pocket），2001 年。

多其他地中海周边城市的写照，这些城市往往都是像马赛一样的港口、工业和贫瘠城市。那么，这个城市与自然之间的关系能够很好地诠释地中海城市性的特征吗？在年轻的阿尔及利亚作家加缪的《婚礼集》这部关于大众文化和精神生活自然性的颂歌中，不断提及城市自然中文化、社会、道德和玄学之间的关联。

> 有着古老城垣的都市，诸如巴黎、布拉格，甚至包括翡冷翠，因为他们封闭了自己，因此限定了他们的世界。但是，阿尔及尔（以及其他某些特殊的地方，譬如那些临海的城市）却像一张嘴或一处伤口似的，敞开在苍穹之下。在阿尔及尔，人们眷恋那些平凡无奇的地方：每条结尾的海水、明媚的艳阳，以及土著的健美。

如果说地中海城市是一座外城（安德烈·纪德《人间食粮》中的思想），那么加缪心甘情愿地准备好遵奉文化为神圣之物。在文集末尾，他在阿尔及尔海滩和方济各会修道院之间做了一个大胆的比较，发现这两个同为贫苦的地方都会引导我们实现一种积极的"去人道化"：

> 在方济各会修士的生活（被圆柱和鲜花围绕）与阿尔及尔帕多瓦尼海滩上年轻人的生活（全年都可享受阳

光）的对比中，我感到两者之间的共鸣。如果他们放弃，那是为了更伟大的生活（而不是为了"另一种生活"）。至少"贫苦"这个词在这里得到了唯一有效的运用。赤裸的个体一直保有肉体自由的含义，这种手与花之间的和谐，这种从人道中解放出来的人与大地之间的默契，啊！如果它还不是我的宗教信仰，我情愿马上皈依。

某些还未产生"人文世界"错觉的城市文化，它们将让大地的真意得以释放，它们将把我们从封闭在以人类为中心的世界中解放出来。无论是"19世纪的巴黎"模式，还是"20世纪的纽约"模式，地中海城市是否继续与现代性积习和狂热人文主义保持距离？地中海城市处于欧非大陆之间，围绕这片海域而生，尽管本来是西方的母体，现却已成为它的边缘。地中海城市似乎固执地与世界保持着前现代的关系，除了与自然规律达成协议外，它不知道如何获得自由，即便这个协议同时带来伤痛和快乐。在这里，大自然不能被看作是外部事物，无论生活之中，还是心灵深处，大自然都与我们形影相随。

在西方文化中，自然与文化的完美对照现已崩塌，甚至在人类兴起的地方，我们取消了人与自然之间的"现代共享"。面对这种形势，马赛这朵饱含古韵的浪花激起了新的水点和泡沫。重新在城市中发现自然，这亦是哲学思想的精髓体现。

在"19世纪的巴黎"模式和"20世纪的纽约"模式之后，也许是时候转向地中海城市看看了，来聆听她与自然之间的古朴对话，这里是西方乃至城市化的母体。沿着我们深入的历史探寻，不会让大家进入另一个统治领域，但可能会让你迷失在自然深处的迷宫中。

上帝说：水要多多滋生有生命之物。

……

上帝说：要生养众多，滋生繁衍吧，来填满海洋。

——《创世纪》(*Genèse*)

第7章　港口海豚

马赛，旧港。天空晴朗，微风习习。16世纪末的一个早晨，在这个城墙环绕的城市（面积比古希腊统治时期大一些，即今天的篓筐街区），圣约翰堡垒前，晨光微微照耀，人群簇拥着特意前来化解危机的卡瓦永主教。主教身着紫色长衫，头戴教冠，手持权杖，逆着光观察着港口波动起伏的水面。只见无数灰亮的背部时隐时现，水被它们的运动不断地搅动着，在翻滚、沸腾，这是港口遭到了海豚入侵。

在《维奈桑伯爵领地和阿维尼翁城市历史》一书中，约瑟夫·弗内里写道：

> 1596年，一批数量惊人的海豚闯入马赛港，这群贪婪的动物把港口搅得乌烟瘴气。住在阿维尼翁的教皇特使红衣主教阿夸维瓦，委派卡瓦永主教前去驱逐这些海豚。主教立即动身前往马赛，来到港口后，在法官和庞大围观人群的注目下，开始进行驱魔宗教仪式。在禁止

*海豚留在港口后，这些动物就再未出现了。*①

在《中世纪对动物进行判决的起源、形式和精神》
（*L'origine, la forme et l'esprit des jugements rendus au Moyen
Age contre les animaux*, 1846）一书中，历史学家、大法官莱
昂·梅纳布雷亚（Léon Ménabréa）作为作者请现代读者先克制
一下嘲讽的冲动，他认为对于与我们年代相距遥远的文化，应
给予人种差异上的理解、宽厚和尊重：

在谈到我们曾经审判动物的习俗时，特别是对大
地农作物具有破坏性的昆虫，大部分作家都会指责这
是个迷信和野蛮的习俗；可能在其他事物上，也涉及
这样的质疑，那是因为我们忽视了这些旧事物在过去
的真正含义。当我们看到一种习俗扎根在人们心中，
并立足几个世纪之久时，即便发现它的奇怪表象，在
指责它荒谬或可笑之前，一定要倾听它的声音。经过
思索，我们终将认可它曾经的意义和效用，明白它是
符合当时实际要求的。

---

① 约瑟夫·弗内里（Joseph Fornery）：《维奈桑伯爵领地和阿维尼翁
城市历史》（*Histoire du Comté venaissin et de la ville d'Avignon*），塞更
出版社（Seguin），1909 年。

在此看到的对动物的一种前现代迷信，似乎也预示了后现代生态学想要"赋予动物权利"[1] 的"过激行为"。所以，我们也可以认可基督教对万物整合灵性的"生态章法"。只要我们把现代西方科技唯理的人道主义理论稍微搁置一旁，再回过头来审视这种审判动物的习俗，就会看起来合乎逻辑，因为它"具有意义和效用，且符合实际要求"。

如今我们已经知道，任何单一种植结构都是对大地和自然生物多样化的一种暴行。即便在一平方米任其生长的植被中，通常也会有大量植物物种混杂交错而生，更不用说昆虫及更普遍的陆地动物区系了。正是这种多样化系统或交错的多样性，才是我们所说的群落或生态系统。如今我们认识到采用单一种植的农业模式势必会导致害虫大量繁殖。比如选择种植单一品种的粮食作物，那么广阔膏腴的田地对于昆虫而言，就好似一个巨大的食品贮藏柜，它们可以在里面尽情啃食、生长和繁殖。自从人类开始种植农作物以来，就不得不面对害虫局部繁殖问题的考验。其中事物之间的联系很好地印证了这样一句话：为了让一切能够生长和繁殖，就必须让一切生长和繁殖。

---

① 吕克·费里(Luc Ferry)：《树木、动物和人：生态新秩序》(*L'Arbre, l'Animal et l'Homme : le nouvel ordre écologique*)，格拉塞出版社(Grasset)，2012 年。

有关大地农作物害虫和杂草是否应被视为人类之敌的这个问题，今天看起来显得有些过时。让我们来谈谈更为应景的问题——灭杀微生物的化学分子，这种灭杀剂可以在"第一时间"极其有效地摧毁害虫和杂草。但生命在绝望中更加顽强，无论小动物还是大动物，它们都具有令人难以置信的要继续存活下去的能力，即使生活像地狱。有时，特别是因为生活像地狱，所以生命才更强大。所有物种乃至整个生物界的历史，就是一部关于生生不断、顽强创造的历史，尽管面对限制和威胁，它们仍坚持着在这个世界里属于自己的状态。害虫和杂草最终一定会对这些分子产生抗性，人们就必须找到新的更强大的药剂。这些生物灭杀剂，顾名思义，就是用来杀灭生物，即使我们的现代性也无法让一些人摆脱这一做法。灭杀剂制造企业已经暴露出自身都无法控制的严重中毒问题，但为了维持生产经营，它们贿赂科学家提供虚假报告。在新产品开发预算中，这些企业预估的司法诉讼费用也日益增多。长远来看，孟山都公司的做法就真的比中世纪教堂更有效吗？如果说它的"现代性"无可厚非，那么其"合理性"真的令人信服吗？

> 法官说："上帝，是所有生物至高无上的创造者，他允许大地产出果实和植物，孕育动物，不仅为了养活人类这种理性创造物，大地之上飞行的昆虫也有食用绿色

植物的权利，操之过急地来惩罚眼前这种被控告的动物，是不合时宜的；我们应该感激上天的怜悯，向上帝祈祷原谅我们的罪孽。"①

当人们想把这些昆虫逐出教会时，是因为大家认为它们不是好的基督徒。中世纪的西方没有宗教幻象，它在其他信仰体系中发展，这种体系对唯物、技术、理性的世界观认识极低。这让我们想起亚里士多德的灵魂论——"植物性灵魂"和"理性灵魂"的区别：植物（具有唯一的营养、生殖和生长机能的灵魂）不是动物（具有营养、生殖、生长、运动和感觉机能的灵魂），且任何动物都不是人类（具有营养、生殖、生长、感觉、运动和理性机能的灵魂）。因此，这才是关键，即生物世界的统一性源自其共同起源。它们的生活、它们的状态，并不只限于物质实在性，或者说，它们的物质实在性是它们的精神实在性的最高体现。在中世纪，我们尚可完美地区分植物生物和理性生物，且并未质疑生物世界的基本统一性。区分并不意味着对立，并非只有人类是唯一拥有

---

① 1546年5月8日，圣朱利安(邻近圣让-德莫里耶讷)的宗教法庭所做出的公众祈祷的裁定。之所以有这个裁定，是因为居民把象鼻虫告上了法庭，要求将其驱逐出教会。"第一次开庭以调解为目的，由法学博士弗朗索瓦·博尼瓦尔主持，检察官皮埃尔·法尔孔为这些昆虫辩护，律师克洛德·莫雷尔给予他们协助。"

权利且受到律法制约的。总的来说，我们遵守的信条就是：必须尊重天地万物的神圣的自然权利，既遵循理论又契合实际，虽不十分公正但也不野蛮粗暴。从生态学的角度看，当代农业产业化的运作方法不也应如此吗？

马赛周边的自然既原始又容易接近，即便是普通徒步者也能够来此探索自然的奥秘。徒步游曾是马赛人最喜欢的运动。爱好者们成立了俱乐部，他们编写详尽描述徒步路线的公告，他们用精心设计的彩色箭头为散步场所设置路标。

——西蒙娜·德·波伏瓦（Simone de Beauvoir），
《年富力强》（*La force de l'âge*）[①]

---

① 米歇尔·佩拉尔迪（Michel Péraldi）：《马赛：景观、城市与记忆》（*Paysage, ville, mémoire*），东南部制度学习与研究中心（Cerfise），1981 年。作者在本书中引用了波伏瓦的这句话。

第8章 郊外

一个世纪以来，人与自然的关系发生了巨大的变化。

马赛是欧洲第一个拥有国家城周公园的城市，从这个角度讲，它可称得上是欧洲各大城市中的第一个百万富翁。卡朗格峡湾国家公园远近闻名，因其各种生命形式（适应极端环境）的稀缺性，及其文化和自然遗产的丰富性，每年迎来百万游客前来观光。景区希望吸引更多的观光者到访，同时又不得不采取严格的限制规范，因此，卡朗格峡湾国家公园像所有公园一样，陷入了矛盾之中：我们要为游人呈现的是未经雕琢的原生态，还是被驯化了的大自然？但无论人们对"国家公园"如何定义，今天已很少有人对卡朗格峡湾国家公园的价值及其保护措施提出质疑了。

然而，半个世纪前，这些还未得到多数人的认可。1933年，城市规划师雅克·格雷贝尔（Jacques Greber）制定了城市发展总体规划，他打算在卡朗格建设一条景观公路，让驾车途经这里的人们，可以欣赏到马赛与卡西斯之间的美景。

在明尼阿波利斯居住期间，他完成了景区干道（城内高速公路）的设计。可以说，格雷贝尔的设计极具前瞻性，对于当时新兴的"汽车时代—城市生活模式"，他堪称当之无愧的先行者。即使从今天的角度来看，这个设计也绝对令人钦佩不已。与 20 世纪的同类公路相比，格雷贝尔的这条卡朗格全景公路更注重与自然的融合，他不仅让驾车者领略到了自然之美，还让自然风景的美学价值得以绽放。① 在 20 世纪，卡朗格地区主要为工业企业服务——其中包括化学和冶金工厂②。同样，该地区还见证了卡西斯的石料开采（米欧港石灰石采石场）、烧炭场的生产及传统石灰窑的行业发展。卡朗格还曾是旧时的军事区域，那些遗留下来的炮台就是有力的证明。在格雷贝尔的设计还未出现的前几十年，该地区因太陡峭而无法建造建筑物，因太贫瘠而无法耕种，曾被简单地看作是一块闲置无用的空间。然而，当汽车时代来临，这块空间被赋予了新的职能和新的经济价值，即旅游开发。

---

① 格雷贝尔还在其规划中提出建设自然"旅游区域"的建议（面积为 1000 公顷的分级区域）。参见米歇尔·佩拉尔迪（Michel Péraldi）：《走向绿色》（*La Mise au vert*），东南部制度学习与研究中心（Cerfise），1981 年。

② 这些工业企业包括萨曼那（Samena）、古德（Goudes）或博麦特（Baumettes）的制碱厂、伦谷（Lun）炼油厂、雷斯卡雷特（l'Escalette）铅厂。后两者建造了"葡萄通道"这样特别的生产地，其作用是将有毒气体引向山顶，排放出去。它们现已成为景点。

064　　让我们以徒步旅行、风景画、摄影术的发展为准轴，来追溯一下人们自然审美观念的变化历程。出版人保罗·吕阿于 1897 年创建了马赛徒步旅行者协会（Société des excursionnistes marseillais），这也是法国最古老的徒步游协会之一。早在 1913 年，他与 6500 位会员及 15 000 名参与者就曾豪气十足地表示："马赛，还有柏林，是世界徒步旅行之都。"① 这些前生态学家（生态学成为一门正式科学之前具有生态学见解的人们）歌颂原始自然，厌倦城市，热衷制图、科学和技术，作为第一批徒步旅行者（其区域保护的宗旨近似于法国南方的奥克语诗人或作家 ②），为了卡朗格区域的环境保护，他们曾与工业集团进行过抗争。索尔维集团（Solvay）于 1907 年在该区域开办采石场，为萨林德吉罗的工业制碱提供石灰石原料——1910 年 3 月 13 日，徒步爱好者在米欧港卡朗格地区组织了抗议游行（见图 2、图 3）。据历史学家考证，这是法国历史上第一次为保护自然景区、反对工业化而进行的游行活动。比起埃图瓦勒、加拉邦、圣博姆或者圣维克多，

---

① 佩拉尔迪（Péraldi）和帕里西斯（Parisis）在《走向绿色》（*La Mise au vert*）中引用了保罗·吕阿（Paul Ruat）的《马赛徒步旅行者公报》（*Bulletin des Excursionnistes marseillais*, 1898 ）。

② 菲列布里什派（Félibrige）是一个由弗雷德里克·米斯特拉尔（Frédéric Mistral）及其他六位普罗旺斯诗人于 1854 年创建的文学协会，其宗旨是对区域传统文化和奥克语进行保护。

图2　**拯救卡朗格**　1910 年 3 月 13 日，在米欧港举行反对索尔维集团采石场开采的抗议游行 ©D.R.《马赛报刊》(*La Revue Marseille*)

图 3　**拯救卡朗格**　1910 年 3 月 13 日，在米欧港举行反对索尔维集团采石场开采的抗议游行 ©D.R.《马赛报刊》

马赛徒步爱好者特别将卡朗格视作无比珍贵的掌上明珠。自19 世纪末起，他们便开始游山画水，遍访这里的山川河流；他们绘图摄影，记录下这里的自然风貌；他们召开会议、制定通报，对规划进行分析探讨；他们为卡朗格地区的开发和保护乐此不疲地忙碌着。最终，卡朗格峡湾国家公园的建立，标志着"名胜古迹规划"在制度上的突破，也是对这些支持者们近一个世纪以来的努力的圆满回报。

　　1910 年发生在米欧港的抗议游行，实际上是两大领域的交锋，一边是处于鼎盛阶段的工业主义^①；一边是冉冉升起的生态新思潮，该思想学派的影响力不断扩大，在整个 20 世纪对科学、社会、政治、行政、法律和哲学领域都产生了重大影响。

这些前生态学家，大多数是城里人，他们坚定且天真地认为城市就是与原始自然背道而驰的另一个世界。在他们看来，大自然本身便是消除城市不利影响的有效良方。为了让更多的人认识到这一点并加入协会，保罗·吕阿 1898 年在《马赛徒步旅行者公报》上指出：

> 大城市不断释放着自有魅力：路段封闭，车辆拥堵，街口此起彼伏的喇叭声浪，汽车散发出浓烈的汽油味——这种景色不太宜人——还有自行车从你身边擦掠而过，露天平台上座无虚席，人行道上满是无精打采的散步者。这些便是城市人在周末享受到的景致了。如果这些景致我们已足够，那么我们可以试着自己去发现。清新空气的渴望者们，大自然的热爱者们，请你们不要忘记普罗旺斯的大自然，不要忘记这种丰富多彩的自然之美。^②

---

① 欧内斯特·索尔维（Ernest Solvay, 1838—1922），企业家、空想主义者，是工业主义极具影响力的人物。

② 佩拉尔迪和帕里西斯在《走向绿色》中引用了保罗·吕阿的《马赛徒步旅行者公报》。

在 19 世纪的欧洲和美国，"原始自然"（wilderness）一词在很大程度上失去了原有的贬义，显示出褒义的感情倾向，即便它曾在城市文化和资产阶级文化思想中被视为不适宜居住、不开化的地方。原始自然令人敬仰与向往，是因为它的纯净，这种纯净可以让我们远离人类空间的"混杂"。我们在此重拾加尔文主义对自然的感悟，它把未经触动的大自然看作是罪孽心灵获得洗礼的地方。有一点我们不应忽视，这种对自然的改观与工业革命同时发生。具体说来，正是在技术对自然的控制比以往任何时候都要紧密的时期，大自然被简单地视作工业原材料，但同时它也成为新浪漫主义的崇拜对象。在西方国家，19 世纪出现了工业化与具有唯灵论倾向的自然主义共存的怪象——雨果、歌德、谢林、洪堡（亚历山大）、爱默生、梭罗、惠特曼等代表人物不胜枚举。

大自然的神圣似乎与它的被驯化成正比：人们越想支配它，就越想探寻它的野性，也越能发现它更深层的美。当文明变得暴力，自然则越显得温顺与和谐。技术圈越发展，生态圈越进步。自然不再是我们可以永久居住的真实生活的地方，它变成了只可偶尔欣赏的巨幅画作。在人文作品的环抱中，在城市生活棱镜的折射下，自然成了一件文化物品。

全景艺术深受风景画的启发，徒步又扎根于全景艺术之中，因此，徒步从最开始就是一项带有文化色彩的活动。从某种意义上讲，它也是一种艺术活动形式。我们学着去森林徒步，就像我们试着去观看演出。徒步者往往也是摄影爱好者，在某种程度上，风光摄影师也是第一批"行走艺术家"，这要早于英国大地艺术的代表人物理查德·朗（Richard Long）或哈米什·富尔顿（Hamish Fulton）。无论如何，他们拥有一致的观点：艺术必须在户外。拿起相机，我们便开始捕捉"焦点"。1842年，弗朗索瓦·迪恩库尔在枫丹白露森林开辟出第一条路径，他回顾了绘画在徒步兴起阶段所发挥的关键作用：

> 一幅如此宏伟的大自然画作，定是画家或诗人燃烧才华倾力创作之作品，我的任务就是引导游人欣赏其瑰丽景致。我被森林深处的幽静与甜蜜所吸引，花了很长时间遍访了这里的每个角落，经常到访这里的艺术家们给了我许多帮助和观光建议。我知晓了特色景点，并给所有风景如画的地方做了标识，这样可以为其他参观者提供指南，让他们的游览更便利、更惬意。[1]

---

[1] 克劳德-弗朗索瓦·迪恩库尔（Claude-François Denecourt）：《枫丹白露指南：宫殿、森林及周边路线》（*Indicateur historique et descriptif de Fontainebleau. Itinéraire du palais, de la forêt et des environs*），拉科尔德出版社（Lacorde），1839年首次出版；1931年最后一版。

070　　　　　1825—1875 年，大批巴比松派 ① 风景画家来到枫丹白露森林进行写生。1930 年，法律把"历史古迹"的定义延伸至自然遗迹和具有艺术、历史、科学、传说或风景特征的景点。由此可见，自然附属于文化世界。衡量自然遗迹保护的标准是"风景如画"，按照字面上讲，就是"适宜绘画"。尽管这些对自然的关注局限在某些绘画审美的范围内，但这种关注却是真真切切的。正如印象派的观点，文化好似学生，要向大自然这位老师鞠躬致敬。

　　如果说"浪漫反应"是工业时代的技术和理性主义思想的激进对立面，那么，工业主义与浪漫主义这两者却就一点达成了一致，即人与自然是截然相反的。自然所在之处没有人类，而人类是所有生物中唯一一个要面对自然的生命体。好也罢，坏也罢，无论如何，大自然都被构思成是与人类相对的。对工业主义而言，它是必须要冲破的局限：对浪漫主义而言，它是找回遗失在人类社会中的个体纯净的救赎之地。在这两者看来，人类是一种有别于大自然的存在，人类与自然不属于同一个界——即使它们偶尔会神秘地融合。工业主义和浪漫主义这对最佳对手认为相互之间是对立的，然而它们却对一个基本二元性有着一致的认同。这个现代二元性也

――――――――――

　　① 巴比松派（Barbizon），由柯罗（Corot）、卢梭（Rousseau）、杜比尼（Daubigny）和米勒（Millet）创立。

是人类尊严的基础，即自由生物的命运（通过道德和工业上的努力）要从由机械的必然性法则的支配中摆脱出来。

像徒步者一样，工业家一般也都是城市人。随着工业城市和"人类世界"（monde humain）的范围日益扩大且排他性越来越明显，自然的概念随之发生了改变，具有了"城外世界"（monde extra-muros）这个新含义。城市是人类构建世界的标志，也正是基于这种观念的基础上，人类把自然这个早于人类出现之前的非人类世界视作外物。现代城市与自然界之间存在着相异性，城市人对大自然怀有的崇敬之情正是来自这种相异性——自然被看作是一个我们在其中无法找到归属感的外部世界。

如果自然对工业而言就是企业所需的原材料，那么这种适合浪漫徒步的自然则另有一番含义。但无论如何，两者的共通之处都是城市自然，即"无乡村自然——无村民、无猎户、无居民，一种符合城市愿望的自然"。[1]

自然被视作"非人类空间"的观念开始显露，这与城市文化凌驾于乡村文化之上，即"文化城市化"（urbanisation de la culture）密不可分，更确切地说，也就是与城市和乡村关系的逐渐断裂密不可分。

---

[1] 米歇尔·佩拉尔迪：《马赛：景观、城市与记忆》，东南部制度学习与研究中心，1981年。

公园（Parc，阳性名词）。由护墙或栅栏围合起来的巨大空间，其中饲养着猛兽，或者仅用于乡间别墅的装饰。

例句：一个英国公园。一个法国公园。（Un parc anglais. Un parc français.）

——《利特雷词典》（*Littré*）

第 9 章　大公园

这个西蒙娜·德·波伏瓦热爱的原始自然，在社会学家米歇尔·佩拉尔迪看来是一片抽象的、孤立的领域，外来者只能在地图上发现它：

> 西蒙娜·德·波伏瓦陷入自然之中，因为她无法在别处找到如此强烈的异乡感觉。那么，是谁准许外来者闯入这片领域的？大自然本处于纯粹状态，这是一个抽象的概念；它不是一片土地，不是历史岁月痕迹划过的地方，但它是处于纯粹状态的一种梦想。现在，我们不是在马赛，而是在一个力图探寻这片纯粹领域的空间中。[①]

佩拉尔迪将生活之地（由生活在这里的人们制定惯例的

---

① 米歇尔·佩拉尔迪：《马赛：景观、城市与记忆》，东南部制度学习与研究中心，1981 年。

地方）与纯粹自然（被神圣化与合理化的空间，由上天掌控，可望而不可即的地方）进行对比。他认为，通过徒步发现的这个纯粹"自然"，是被推定为没有人类活动和社会实践打扰的纯净自然。在他看来，徒步的发明是城市/乡村初始关系重新排列的标志性活动之一，城市与自然的关系开始了一种新的对立状态。

19 世纪与 20 世纪之交，整个工业大背景下的企业发现大自然是一个适宜休闲、运动和观光的好去处。此时，工业也已征服了大半个世界。随着供水、抗生素、蒸汽机的发明，土著人的发现和殖民地的扩张，自然在人心目中的形象发生了根本性的改变。它不再是可怕的、无法预见的、反复无常的，它不再是那个我们只能祈求和祷告的大自然，因为知识和技术革新成为人们掌控自然行之有效的手段。人类对城市景观的干预越来越深，城市中随处可见人类智慧与力量的印记。现代城市的构建标志着前所未有的人类世界的形成。我们开始把这种对自然的技术掌控能力与文明等同看待，并在前工业化人类社会的"土著人"面前，扮成"文明人"的模样。

从城市的角度出发，自然往往被看作是城市的对立面。虽然我们的生命体不再受自然界普遍法则的束缚，但我们不得不承认，从地理空间意义上讲，自然是人类还没有建立统治的地方。比如非城市空间或那些人类建设还未波及的地方，以我们所在的温带地区为例，这里的自然空间特征通常被形容成披着一件绿色植物的外衣，这样的空间拥有更清新的空气和更洁净的外观，人们将自然的形象固化为"绿色和洁净的空间"。虽不能嘲笑其荒唐，但这确实是一个有局限性的概念，然而它却在当下占主导地位。只有从工业城市各个领域的发展出发（比如卫生、火车、汽车、地形图）进行认真分析，我们方可理解为什么我们对自然会有如此奇怪的、狭隘的且具有西方特性的理念。要对现代自然的理念进行批判，首先应该对这种理念所处的城市母体进行检验。

在整个 20 世纪，室外娱乐（比如滑雪产业）和自然公园，这两大休闲活动领域取得了令人难以置信的发展，这与市民希望获得更多的消遣和补偿空间密不可分。我们正处在一个宗教信仰淡化且娱乐生活扩张的世界，由此我们获得了更多的时间与更广的空间。①

自然旅游公园在 20 世纪得到蓬勃发展，这主要得益于 19 世纪城内公园的发明与推广。当工业城市吸引了大批来自农村的劳动力进城成为产业工人时，卫生和社会公共服务的需求日

---

① 米歇尔·佩拉尔迪和让－路易·帕里西斯（Jean-Louis Parisis）的论文研究主要内容是自发社会运动和建立新的自然资源使用制度之间的过渡，参见《走向绿色：国家和社团运动在自然生态制度化中的关系》（*La Mise au vert : les rapports de l'Etat et du mouvement associatif dans l'institutionnalisation des loisirs de nature*），普罗旺斯－艾克斯－马赛第一大学（université de Provence-Aix-Marseille-I），1981 年。

益旺盛。城市在将自然空间资源整合起来的同时，创建了一些用于休憩和娱乐的无建筑物空间，比如公共花园和私人花园。这些空间彰显了城市自然的理念，因此被称为"绿色空间"。它们以草坪为大背景，上面布置了各种栽满植物的花坛和精美的装饰设施，整洁美观是这些植物造景遵循的基本原则。有些花园特别注重人工景观与自然环境的融合，比如中央公园的设计就是典型的例子；有些设计则比较洒脱，它们通常只简单地设置了草坪和常见植物，这些绿色植物配置与城市布局并不十分搭调，看起来只是市政设施的一个摆设。

公园和花园——城市自己布置出的非城市片段，可以说是一个完全重建的自然。它们有时会靠近一条天然水系，但这些水系往往被破坏或被遗忘，似乎城市只能容下由它自己建造出的人工自然。比如在马赛，沿着艾加拉德溪流而建的比尔卢公园（Billoux），河流本身不向公众开放；博雷利公园（parc Borély）旁边的于沃讷河，游人可以沿河散步几百米，也是最近才被允许的。再如马赛的 2600 年纪念公园（parc du 26° Centenaire），相当一个占地 10 公顷的迷你中央公园，其植物种类丰富（约有 300 种植物），湖泊和众多山丘构成高低错落的多样景观，给人们带来愉悦的视觉效果。实际上，这个公园是在紧邻雅尔雷河的普拉多火车站旧址上修建的。1954 年，马赛市长德费尔（Defferre）下令对该区域进行改造，修建的拉巴托大道将雅尔雷河覆盖，如今河流已变成一个露天下水道。

19世纪城市规划（当代城市规划的母体）所面临的一大问题是：工人劳动力大量涌入给城市带来的卫生压力和城市拥堵问题。[1] 对此，需要找到相应的解决方案。这是一个棘手的问题，正如我们所知道的，这个问题牵扯到众多领域，诸如社会、卫生、政治，并且表现出明显的社会博爱与压抑的双重性。良好的居住环境应该满足以下几点：（1）相对的好质量；（2）不能太狭窄；（3）具有独立住宅形式；（4）配备花园或距离公共公园不远。以上几个条件是解决这一类城市居住问题的基本趋势。花园，或者是供休闲的小空间，都是"有益健康的领地"，曾被视作提高工人阶级生活水平的象征。花园可以让他们感到安心与洁净，同时获得家庭归属感。城市理论家保罗·布朗夸尔特强调，在当时的"社会归化"系统中，有一个关键因素是要竭尽全力让工人阶级获得房产：

> 我们可以促使工人成为房屋所有权人，小型独立住宅的涌现就是有力证明。……获得所有权，可以使工人同社会制度相联系并充分"参与"其中。他拥有了产权，

---

[1] 据1899年一项研究显示，瓦塞姆（里尔）的工人人均居住面积为9.4平方米。保罗·布朗夸尔特（Paul Blanquart）在《城市历史》（*Une histoire de la ville*，拉德库维特出版社［La Découverte］，1997年）一书中进行了引述，并指出里尔绝非个例。

但并不意味着获得了生产资料所有权。[①]

　　文明规划以工业发展为中心来组织人类活动，从功能上来看，这些城市花园只是工业发展的简单附属品和辅助设施。"马克思主义者和自由主义者都同样认为，生产（即经济）决定社会生活。"[②]

　　"田园城市"（La cité-jardin）这一关于城市规划的设想，由景观设计师弗雷德里克·劳·奥姆斯特德（Frederick Law Olmsted）构思，由城市规划师埃比尼泽·霍华德明确提出[③]。其初衷是打算解决大量农村人口流入城市，造成工业城市膨胀的问题。这种用新型城市结构来取代新兴现代化大城市结构的建设理念，革命性地颠覆了既有的城市概念——以呈圆周形的小城为单位（约3万人占地2400公顷，即1250人/平方公里）进行布局，其土地完全由公共权力机关管控，小城四周为农业用地所围绕，若干个形态一致的小城环绕一个

　　① 保罗·布朗夸尔特：《城市历史》，拉德库维特出版社，1997年。

　　② 保罗·布朗夸尔特：《城市历史》，拉德库维特出版社，1997年。

　　③ 参见埃比尼泽·霍华德（Ebenezer Howard），《明日：一条通向真正改革的和平道路》（*Tomorrow, A peaceful path to real reform*），天鹅阳光出版社（Swan Sonnenschein & Co.），1898年。作为"田园城市"概念的提出者，霍华德曾担心其理论是否可能成为现实。1903年，他终于完成了莱奇沃斯（Letchworth）田园城市（距伦敦60公里）的规划建设，1920年又完成了韦林（Welwyn）田园城市的建设。

中心布置，形成相对宽松的城市组群（见图4）。但现实中没能完全按照设计者的构思模式实现设计，田园城市理念在20世纪初被调转方向，被确定为是一种适用于工人居住的家庭式或独立式居住形式。该居住形式也是居民点形成之前的社会住房发展历程的第一阶段，其在20世纪上半叶占据了主导地位。最近被列入20世纪遗产名录的马赛圣路易斯城（16区），其紧凑的独立式居住布局模式，就是当下我们所普遍采用的城市"地块建筑"（lotissement）① 形式的雏形。"市郊独立式住宅区"具有20世纪城市特征的住宅形式，它貌似沿袭了调和城乡矛盾规划的思维。其实，这种住宅形式仿佛是纸板砌筑的田园城市，背离了田园城市的主旨，放弃了有机社区的组织体系，失去了土地优势和对公共城市中心的近距离优势，而且其面积不再受限。

私家花园、广场小公园、城市公园、大都会公园（如枫丹白露或卡朗格）、用于度假旅游的国家和大区自然公园，我们在不同层级的土地上建设了公园，似乎对其功用达成了一种共识，觉得公园就是翻版的自然，都是用于娱乐、休息、静修和休闲的外在区域。因此，公园等同于自然。它受到保护，

---

① 法国遗产普查部门将田园城市定义为"协商一致的地块建筑区域，房屋和道路与公共或私人的绿色空间相融合，可在法国发挥社会协调作用"。

080

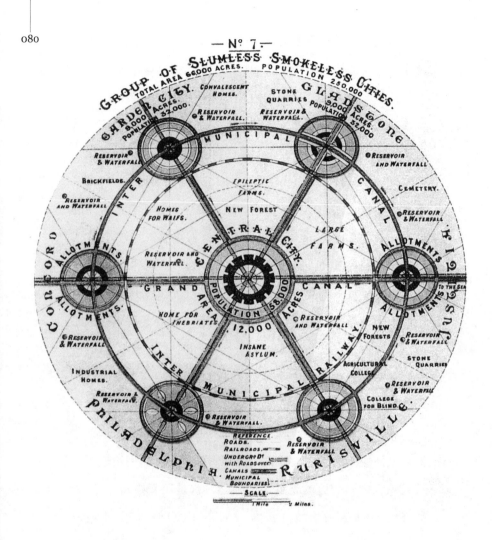

图 4　田园城市组群　无贫民窟、无烟尘的城市群，面积 260 平方公里，人口 25 000 0 人 © 埃比尼泽·霍华德（Ebenezer Howard），1898 年

配套设施齐全；它成为电视、报纸、杂志等大众媒体竞相报道的宠儿；它成为一个被驯服的场所，风景如画但脆弱易损。这个备受人们喜爱的被重建或"受保护"的天堂，失去了它作为背景的美丽画面，成为久居城市樊笼的人们幻想大自然的对象。自然界在我们心中曾经是至高无上的，时而慷慨宽厚，时而冷酷严厉。我们生存的土地曾被看作是自然界赐予的一片林中空地，但现在，我们摇身一变成为整片森林的支配者，大自然只是我们的附属品，某些"可持续发展"理念把它简化为技术的研究对象。在我们眼中看起来脆弱的自然附属品，应该得到我们的保护，但我们需要保护它免受什么伤害呢？答案就是：我们自己。盖有生产印记的人类集体活动，已对大自然造成了极大影响，世界上的"自然公园"都被视为人类工业和城市化社会的后院。

这种把自然看作纯净的原始空间的观念属于后工业化城市理念。直到18世纪，石磨、驴子、黏土、田野这些景物一直都属于城市景观的一部分，即便在城市，我们也从未想象过"脱离大自然"的模样。那时，社会不稳定，物质生活资料匮乏，与乡村日常接触密切，这一切都阻止了城市（和人类）单独"构建世界"的愿景。如今，城市已从旧格局中破茧而出，现在即使我们走遍世界，都离不开城市圈这张大网。从某种意义上讲，城市人是科技星球上的居民。这个科技星球拥有超市、机场、医院、滑雪场等一应俱全的设施，它们

082 由公路、铁道、航线相联通。但是，当海啸、地震来临，我们感到束手无策时，我们意识到，这个科技星球只不过是大气圈与岩石圈之间的基本圈层——生物圈，它也会脆弱，也需要保护。

如果说创造西方现代性的神话与城市世界密不可分，如果依照人类构思的地理空间理念的说法——自然如同外部的，惰性的，没有意义、价值和美感的空间，只有人类主体才能赋予其意义——那么，我们需要重新找回城市中的自然，重新认识城市的自然性。对城市自然的认识不应该局限在实验室里，以新的角度观察，用不同的脚步探寻，一定会发现焕然一新的城市景象。

野草与红杉有着相同的生态教育意义。

——奥尔多·利奥波德（Aldo Leopold），

《沙郡年记》（*Almanach d'un Comté des Sables*）

第 10 章　第三种景观之都

当我们来到马赛中心的一些边缘地带，只要我们稍加留心，就会发现布满植被的区域间隙、未开垦的闲置空间、长满植物的缝隙等景象随处可见，然而，人们对此并没太在意。

这些地方不是花园，因为进入其中没有任何阻拦物，也无人在里面散步。这些地方也不是什么"高级"自然区域，因为占据此地的通常是一些生长于瓦砾堆上的普通植物。这些自发地分散在城市角落的自然植被生长空间，构成了马赛"城市语言"标志性元素之一。当我们开始注意到它们时，它们已经无处不在了——在两栋建筑间夹杂的空地上，在铁路或高速公路的边坡上，墙壁上，铺路石块之间，人行道边，天沟边沿，大树脚下，喷枪喷涂的水泥墙面上，排水管道中，在高速公路中间的护栏内。马赛到处是空隙，而空隙又被大自然填满。

我们需要对这些荒地做进一步思考：是否应该将它们视为"自然"？这种类型的空间与园林设计师吉尔·克莱芒所说

的"第三种景观"（le tiers-paysage）相吻合，其兼具废弃空间和自然保护区两大特征：

> 第三种景观是指城市或乡村的荒弃地、过渡区域、荒地、沼泽、旷野、泥炭沼，同样也包括路旁、河岸、铁路边坡等。这些荒废闲置的地方还包括保留地。实际保留地包括人迹罕至地、山峰、未开垦地、沙漠；体制保留地包括国家公园、大区公园、"自然保护区"。[1]

我们可以考虑用一个新词汇"原始自然"（nature sauvage）来阐释这个旧事物。克莱芒是否已将第三种景观定义为"人类废弃的自然空间的总和"呢？这个释义看起来确实与美式的荒野概念有些相似。美式的荒野概念始于美国国家公园运动（mouvement des parcs nationaux），1964 年的《荒野法》（*Wilderness Act*）对其作出如下定义：

> 荒野，相对人类及其劳动成果占主要地位的区域而言，它拥有的土地和生物群落未受到人类的侵扰，在那里人类只是过客。

---

[1] 吉尔·克莱芒（Gilles Clément）:《第三种景观宣言》（*Manifeste pour le tiers-paysage*），主体与客体出版社（Sujet-objet），2003 年。

第三种景观不是人类行为（无耕种、无维护、无预期价值）干预的结果，从这个意义上讲，它是"原始的"。通过改变尺度，对"人类及其劳动成果占主要地位的区域"的内部进行深入挖掘。克莱芒更新了对"原始"一词的理解。

第三种景观，如同"地图中的空白处"，在比例尺为1/25 000的徒步地图上，这些空间不是建筑物，不是田地，不是道路，也不是活动区域。因此，不能把它们视为真正的"迷你保护区"。这不仅是因为我们的疏忽、遗忘或故意为之，更主要的是因为它们的腰身和容貌并不十分"婀娜俏丽"（从风景角度看），因而，一般说来我们并未对其进行看护。这些空白处曾经单纯和简单地被看作是空隙区域。如今，克莱芒把它们作为大自然的范式，将其理解为一种自由表达的活力、一种无阻碍地听凭自身意愿前行的生命运动。对此，第三种景观远远超越了"地图空白处"，而实际上是生物圈本质的体现。

"第三种景观"这个词汇不是参照"第三世界"一词而来的，而是参照了"第三等级"。它让人联想到神父西哀士的话：

——什么是第三等级？

——所有人。

——直到目前为止，它起到了什么作用？

——无任何作用。

——希望它如何发展？

——怎样都行吧。①

    第三种景观给了我们启发，并不一定只有具备了纯净、古老、遥远这样的特质才能称得上大自然。从某种意义上说，克莱芒提出了用"自发性"来替代"纯净性"衡量标准的建议。在沿海高速公路的大桥下，在埃斯塔克（Estaque）的铁路沿线上，在普隆比埃（Plombières）大道的边坡和边沿上，那些自发地生长出来的植物，它们未经过安排与维护，它们即是"自然的"。大自然，并不一定都像公共花园中的花草一样"面色红润、容光焕发"，她可以是"身体羸弱、发丝凌乱的模样"，外形改变不了大自然的本质——她所拥有的丰富物种足以说明一切：

    与人类掌控和开发的土地相比，第三种景观构成了适合多种生物繁衍生息的空间，有利于生物多样性的形成。城市，农林业开采地，工业、旅游业和人类活动用地，像这些由人类控制和决定的区域要对多样性进行筛选，有时甚至完全将其排除在外。据统计结果表明，人

---

① 西哀士（Sieyès）：《第三等级是什么？》（*Qu'est-ce que le tiers-état?*），弗拉马里翁出版社（Flammarion），2009 年。

类干预的一片农田、耕地或森林中的物种数量，要少于一块荒弃地上的物种数量。[①]

　　这些荒地非比寻常地、坚定地、固执地存在着，它们告诉研究者和观察家们，以及好奇的人们这样一个道理：原始自然不是不可触及的地方，它就在我们身边，在我们生活的城市之中；没有任何城市能够完全剥夺空间中生物自然发展的权利，生活在空间中的所有生物都渴望继续生活、延伸、扩张和展现其自发性。总而言之，不是只有纯净的才是原始的。

　　无论荒地是宽阔还是狭窄，有时植物的快速繁殖会给我们意想不到的回报。这足以唤醒我们心底的那片荆棘丛，激起我们内在的那块荒芜地，仿佛生命在向我们诉说着：文明的人类永远不会推开自然世界的拥抱，因为我们身上流淌着大自然浓郁的浆液：

　　　　在一个角落里有一条石凳，一个或两个生了青苔的雕像，几处贴墙的葡萄架；既无小路也无草坪，到处是绊根草。园艺已成过去，大自然又回来了。丰茂的杂草

---

① 吉尔·克莱芒：《第三种景观宣言》，主体与客体出版社，2003年。

在一角荒地上铺青叠翠。娇艳的桂竹香也在此争奇斗艳。这园子里，绝没有什么阻挠着万物奔向生命的神圣意愿，万物在此欣欣向荣，如在家园。树梢低向青藤，青藤攀缘树梢，藤蔓往上攀，枝条向下垂，在地上爬的找到了那些在空中开放的，迎风招展的倾身于那些在苔藓中葡匐的，主干、枝杈、叶片、纤维、花簇、卷须、嫩梢、棘刺，全都混合、交绕、纠缠、错杂在一起了。紧密深挚拥抱着的植物已在庆贺它们的友爱！①

在生态学出现的五十年前，维克多·雨果就恰如其分地、系统性地描述了植物的动态景象。这段描述曾被看作是一个画家的遐想之地，如今成了鲜活生物世界的真实写照：

这儿，在造物主满意的目光下，在这三百尺②见方的园地里，植物已在此完成了它们神圣且神秘的友爱——人类友爱的象征。这花园不再是花园，成了一片野草竞艳之地。这里密密层层如丛林，熙熙攘攘如都市，瑟瑟抖动如鸟巢，阴暗深沉如教堂，芬芳馥郁如花束，荒僻

---

① 维克多·雨果（Victor Hugo）：《悲惨世界》（Les Misérables）第二章，帕涅尔出版社（Pagnerre），1862年。

② 三百尺，约30平方米（6米×5米）。

孤寂如坟墓，生气勃勃如众生。[1]

　　在雨果伟大的西方自然主义思想中，植物居民与城市居民有很多相通之处。在城市居民作为主人公的长篇故事中，给植物居民安排什么样合适的角色呢？是在花园中扮演固定角色吗？其实不然，让其自由表演发挥不乏为一个好的选择。

---

[1] 维克多·雨果：《悲惨世界》第二章，帕涅尔出版社，1862年。

第 11 章 不可能的荒漠

六月的一个晚上，贝尔莱唐火车站（gare TER de Berre l'Etang）站台上，一簇簇青草已冲破一厘米厚的沥青路面，破土而出，地面开裂。数十株这样的草枝散落在车站里各处，长得有一米多高。地面上到处可见叶芽拱起的黑色沥青板块，零零星星散落的细砾石由沥青胶浆黏连着。

马赛市政厅后面的圣埃斯普里阶梯（escalier de la montée du Saint-Esprit），自从一年前的主宫医院（Hôtel-Dieu）改造工程开始以来，一半阶梯已被封闭。但仅一个春天过后，这一半阶梯就被植物侵占，数十厘米高（最高达一米）的植物层层叠叠，形成了一片满目苍翠的灌木丛，其中满是墙草、蒜芥、合欢和苦苣。

哪些植物在城市里能够自然生长？是否存在专属的"城市植物"呢？

五月的一个下午，我与生态学家维罗尼卡·马苏迪（Véronique Masotti）一起，在圣查尔斯火车站（gare Saint-

Charles）周边一公里左右的范围内，进行了两个小时的观察，观察到的植物包括以下这些。

在火车站周围铁路沿线发现有：

> 一米来高的小臭椿树，这种树的生长速度非常快，开花时有股微臭的猫尿味；
>
> 苦苣菜，苦苣菜属植物，地中海区域常用的沙拉配菜；落芒草，禾本科下的一个属，旧称"禾本科植物"；红缬草，典型杂草植物，是瓦砾堆上的"女主角"；天芥菜，这类植物常朝向太阳，发现它们在阳光照射的沥青裂缝中生长；真藓，苔藓类植物，在站台水泥裂缝中生长。

在开往欧巴涅的沿线站台靠墙朝南一端，发现有：

> 车前草，拉丁名 plantago，依靠风力传粉，叶质肥厚，抗踩踏能力极强；黏迪里菊，叶子有黏性的杂草植物，常见于地中海，具有特殊气味；大麦草，普罗旺斯当地称作 espigau，很常见的草本植物，其不光洁的穗丝会扎入动物皮肤；小蓬草，源自北美的外来植物，如今已成为欧洲城市常见植物；苦苣菜属；红缬草。

租车大楼对面，在一堵 1.5 米高、0.5 米宽的墙顶上发现有：

雀麦，一种草本植物，可作为饲料植物栽培；红缬草；猪殃殃属，包括很多草本植物，有些为外来入侵植物；落芒草；墙草，源于拉丁文 parietarius，别名石薯，是墙壁上的主角，马赛最常见的植物之一，具有极强的变应原，耐旱能力强，特别是渗透压力增强的时候。

在同一堵墙脚下，朝北的一侧有：

大蒜芥，药用植物，其重要的构成要素之一是菌根，是真菌与植物根系形成的共生体，菌根真菌从土壤中吸取水分供给植物；菌根是 90% 的植物根系的基本组成部分。

在民族大道旁的大树脚下有：

大蒜芥属，十字花科下的一个属，旧称十字花科植物，可以在阳台种植，常见的是栽培在腐殖土中；梅花草，又名"蔓柳穿鱼"，地中海草本植物，常见于老旧墙壁上和一些石灰质土壤中，一般开紫色小花；早熟禾，又名"一年生禾草"，是一种极为常见的小型草本植物，常用草坪植物。

在雄鸡路上发现有：

大戟，通常具乳汁，有伞形花序；墙草；臭椿；大蒜芥属。

在罗堂德广场的草坪上发现有：

三叶草，车轴草属，具三小叶，常见草本植物；雏菊，著名的多年生草本植物，常见于牧场、草坪、路旁和草原；婆婆纳，草本植物，其中一种药用婆婆纳可以治疗麻风病人的伤口；粉红酢浆草，植株低矮，茎多为匍匐生长，三小叶复叶，外来入侵植物；毒欧芹，也叫"树林雪维菜"，是一种春季里在路旁生长的草本植物，其根有毒；欧锦葵，别称"钱葵"，药用草本植物，叶子与常春藤叶片类似，花为紫红色。

车站入口处，在一块几十平方米的迷你荒地上发现有：

群心菜，十字花科独行菜属的多年生草本植物，生长在路旁、边坡、阳光照射的边缘带的中性或石灰质土壤中；丽春花，罂粟属植物，在欧洲四月起刚翻新的土地上生长尤为茂盛，是生命力极强的杂草植物之一。

　　这些地方的植物资源非常丰富，它们拥有不同的品质和结构，分属不同的种类和科系。从生态角度出发，我们看到，城市不是一个统一的生态系统，而是一个由许多不同类型的微生境拼合而成的整体，其生长区域各不相同，各有各的特点——屋顶、墙壁、树脚下、篱笆间、巷道、小花园、城市公园、荒弃地、裂缝中、人行道，下水道、地窖或水边[①]。上述不同的生存环境要求植物具有较强的适应性，比如耐阴、耐高温、抗踩踏或抗缺水。城市荒地生境与热带雨林有些相似之处，热带雨林群落结构复杂，其乔木层的每个层次都有种类繁多的内部植物。从生态角度看，城市是一个"生态综合体"，也就是说，城市自身形成了一个"生态系统体系"。城市除了可以提供丰富的矿产资源，还拥有峭壁和山谷、山峰和坑洞、树林和草坪、荒芜土地和废弃角落这样的自然资源，它们构成了一个多样性十分丰富的群落生境。这里的物种有别于大多数动植物物种，或者说，它们与大多数个体不同。

---

　　① 对不同的城市生态状况的详细类型分析，参见樊尚·阿尔布伊（Vincent Albouy）：《城市大自然求知者指南》（*Guide des curieux de nature en ville*），德拉绍出版社（Delachaux），2006 年。

096

然而，尽管城市区域内常见植物的出处各不相同，本地种或外来种，无意生长或特意栽植，且生存条件各异，但它们往往有着一些基本的共同特征。这些特质使它们具有了"城市化"的影子，并被划分到"机会主义者"组群中。[①]城市植物通常耐阳光照射，或不需要过多营养素，或种子数量多且传播广。比如，生态学家维罗尼卡·马苏迪就提到过，丽春花是一个繁殖能力极强的特例，一株就能产出上万颗种子。

在世界各城市地区生长的植物中，杂草植物占有较大的比例，它们常在荒地、路旁或人类居住区周边生长。杂草植物对"废墟"环境的适应性体现在多方面，其中很重要的一点是喜氮性，就是说它们喜欢硝酸盐（nitrates）。这听起来并没有什么特别的，因为植物通常都喜欢硝酸盐，氮是植物生长的必需养分之一。只是说杂草植物喜欢硝酸盐还不够妥帖，确切地说它们不只是喜欢，而是为之疯狂，它们无限地大量"吞噬"硝酸盐。也就是说，杂草能够在硝酸盐饱和的土壤中生存，而其他植物做不到。这就可以解释为什么在干石堆砌的围场里，在家畜经常排尿的地方，常常可见荨麻

① 此处所谓的"机会主义者"是指"不依附于"某个特定类型的生态系统而存在的物种，因此，它能够根据实际情况占据各种各样的栖息地，或者利用当前可用的资源完成自身的养分供给。

繁衍。对于路旁生长的树莓、田地周边的黑接骨木、草原上的蒲公英和酸模或半山腰的蕨类植物来说，也是同样的道理。因此，在城市植物众多的生长因素中，尿素发挥的作用不容忽视。

杂草植物钟爱在开放的（相对封闭环境而言，比如森林）、受干扰的或不稳定的环境下生长，鉴于此，我们常常称其为"开拓者"，是夺回"遗失环境"的先头兵。我们在城里看到的所有这些植物可谓是植物世界的"轻骑兵"，这些四海为家的"野草"，不依附于任何事物而存在。从根本上讲，它们是适应能力很强的"游牧民"和"机会主义者"，它们为捍卫"植物世界"的最后一片净土而战。如今地球的表皮组织已是伤痕累累，作为"植物圈"的前沿岗哨，杂草植物肩负了修复和治愈这些伤口的重任。它们将是夺回"遗失环境"的一系列战役中的先遣部队。在丰富多彩的生物世界中，植物排名第一，动物位列第二。道理很简单，植物是食物链的生产者，它们能够利用无机物制造有机物；动物通过取食植物来获得有机营养物质，继而维持生存和繁衍；而有机物则是人类赖以生存的重要基础物质。

无论城市是一个资源丰富的矿藏区，还是一个微型的荒芜沙漠，植物生长压力都将不断作用其中。比如，贝尔莱唐火车站沥青道上冒出的禾木植物，抑或是马赛奥斯曼式建筑楼面蹿出的墙草，这些植物都是以现代人为主导的城市生物圈（动植物整体）弃用物的标志。我们不仅身处城市之中，也处于这些野生植物的包围之中。

我们可以设想一下，如果有一天市民们停止了日常踩踏的脚步，几周后，城市里就会绿茵遍地，荒草萋萋，城市只剩下一隅属于自己的方寸之地。由此可见，城市矿化进程远远还没有达到稳操胜券的境地。城市是一个不现实的空间；大城市中存在一些乌托邦式的或超然物外的东西。城市空间实际上是一个人类和植物暗自较量的战场。植物承受着路面的挤压，行人的踩踏、车辆的碾压、农药的"清理"，但地面还是随处可见一棵棵小草不断萌发。如果我们让第一代的"开拓者们"顺利过冬，那么翌年春天，就会有新的品种加入它们，在这个空间范围内组成新的植物群落，紧接着还会有新的昆虫来壮大队伍，继而构成一个日益密集的植被网络。十年后，城市中所有的街道将连成一片广阔的榛莽之地。一百年后，城市将变成一个夹裹着建筑废墟的丛林，城市中的一切都将被植物那具有破坏性的强劲生长力拱成碎片。对于杂草植物这种在废墟中求生存的植物，我们还可以将其理解为有能力将城市化作废墟的植物。

尽管人类具有一切现代化手段，我们的处境也并非安若泰山。如果要维持人类在城市中的主体地位，我们必须不断地对杂木、杂草等野生植物施压，以防止生物圈沦为其殖民地，包括采取踩踏、清理、拔除、喷洒农药、高压喷水清洗等各种手段与之较量。无论如何，我们必须知道，人与大自然的角逐绝非在一朝一夕定输赢。

感谢萨菲 SAFI 社团艺术家达莉拉·拉迪雅尔（Dalila Ladjal）和斯特凡纳·布里塞（Stéphane Brisset）的协助

第 12 章　紫茉莉荒园

　　从圣查尔斯（Saint-Charles）火车站出发，乘坐开往普罗旺斯艾克斯（Aix-en-Provence）方向的区域快车，在皮康－比斯里内站下车，车程约 4 分钟，票价 1.40 欧元，我们就来到了北部街区中心的比斯里内（Busserine）城区后面。这里便是达莉拉·拉迪雅尔和斯特凡纳·布里塞[①]提议的徒步起点。他们不仅制作了路线图和野生植物采摘图，还亲自动手清除丛枝灌木，开辟了几条可以抄近道的小路。

　　达莉拉·拉迪雅尔和斯特凡纳·布里塞从城里采摘到一些野生植物后，便对其进行盘点、记录、烹饪，以及提取和出售种子，并向居民们传授制香法和一些秘制工艺。他们从这些城市植物身上，找回了失传的手艺并创造出新的菜谱。他们邀请大家品尝大自然赐予的珍馐美味，并学着用全新的角

---

　　① 艺术家达莉拉·拉迪雅尔和斯特凡纳·布里塞于2001年创建了萨菲 SAFI 社团。这是一家造型艺术社团。

度来直观城市的韵律。

从车站出发，沿着体育场来到里卡尔（Ricard）城区。距教学农场入口不远处，在拉克鲁瓦（Croix）小路左转直到教堂，再走几百米，就到了位于圣玛尔特高地上的工地。一片广阔的城中植物荒地展现在我们眼前，其 2/3 的面积已被热火朝天的建筑工地吞没，两三辆总重量 33 吨的卡车与我们擦肩而过，一张巨幅的田园住宅区 3D 效果图赫然入目，上面清楚地注明这里将被打造成一个"叶绿素社区：马赛的新生绿色感官区"。

达莉拉·拉迪雅尔常来紫茉莉荒园（见图 5）采集植物标本，一晃已快十年了。紫茉莉荒园对她来说不仅是一个实验室、天然粮仓、圣殿，还像是萨菲（SAFI）艺术作品的贮藏室。①

到了，就是这里。最近几个月，我们来紫茉莉荒园都是走的这条土道，不过很快新路就修好了。这条在建的宽阔道路是有一天早晨我们来荒园时发现的，它像是一把切刀对绿地进行了分割。在那些拔地而起的一栋栋

---

① 下文均为萨菲 SAFI 社团创建人达莉拉·拉迪雅尔的叙述，法文原文是用斜体呈现的。其中，"我"指达莉拉·拉迪雅尔；"我们"指达莉拉·拉迪雅尔和斯特凡纳·布里塞；"你"指本书作者。——译者注

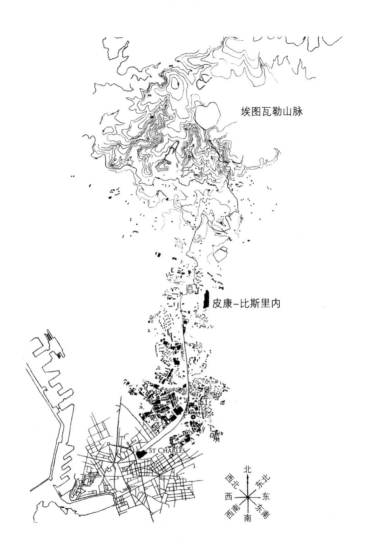

埃图瓦勒山脉

皮康–比斯里内

ST CHARLE

北
西北 东北
西 东
西南 东南
南

图 5 **紫茉莉荒园**　2011 年，SAFI 社团将徒步路线略图推荐给 2013
远足小径（GR2013）的其他艺术家及步行者，以便为其提供向导，可
以从圣查尔斯（Saint-Charles）火车站乘区域快车，到皮康–比斯里内
（Picon-Busserine）站下车，然后步行至埃图瓦勒（Etoile）山脉 © SAFI

大楼前，仅剩下六棵大树肩并肩地排列着，开发商保留了几处有象征性的岛状地带。但是，在路堤背面，还留有一块荒地。那里长有芝麻菜、锦葵、艾蒿、茴香和白藜（或野生菠菜）。你闻到了我们脚下的花果香气吗？这里的很多野生植物都可以食用。

我们是从 2001 年开始经常来这个地方的，我们在此遇到了阿雷内斯协会（Arènes）的工作团队，是他们筹办了 2002 年的第一届"场所艺术节"（Art des lieux）。那时 SAFI 刚好创建。在接下来的两年里，我们参加了分别在罗斯（Rose）、卡约勒（Cayolle）和塞翁（Séon）举办的"场所艺术节"。我和斯特凡纳·布里塞从巴黎迁居马赛，已有十几个年头了，马赛是一个令人振奋的城市。在马赛，我们开始走出工作室。迈出工作室，第一步就意味着一切都将真正地运转起来，比如认识你、了解观众，明确目标，交流经验与做法。马赛让我们如此着迷，以至想目不转睛地观察它，不愿错过任何东西。城市与植物界之间的这种摩擦，这种普遍存在的记忆悖论，在不断消失。马赛坚守着自身的习俗和惯例，同时也能创造新故事。它经常把保护意识用在一些看似细小的事物上，其实这些便是我们称之为乡土的事物。

紫茉莉荒园曾是农庄住宅用地，包括一栋别墅、一个农场、几块田地（曾由农场主看管）、几个果园、一处狩猎场和一个异域风情的花园。其实，每个园子都有其专属的领域，在这里见证了人与周围环境关系的发展历程。后来，随着马赛运河的开通，为庆贺水源引入而修建了一些人造景观，有池塘和假山喷泉。普隆比埃河水刚好从下面流过。

这样的农庄住宅一般在20世纪由看管它们的农场主重新买回，因为马赛运河的开通推动了蔬菜种植和牧场的发展。渐渐地，当地农业种植让位给进口农产品，农民便停止了其所从事的农业生产活动。随后，土地又被出售、分割或由马赛市政府经先买权①获得，用以筹划建设L2环形公路和城市发展。但我们逐渐意识到，这条公路建设的实际周期远比预期时间要长，所以在20世纪80年代，马赛市政府最终决定将其所持有的份额转卖给一个开发商。接下来，开发商在此建起了一幢高层住宅楼。出于法律上的原因，或是因手续不全，虽然高楼基本上建成了，但从未交付使用过。那幢楼就原封不动地在那里矗立了大概二十多年，直到四五年前，人们把它拆毁了。

2000年，根据修订的土地利用规划，这些由马赛市政府经先买权取得的土地有了新的用途。在当地居民和

---

① 先买权（préemption）是指优先于其他人购买某项财产（证券、土地等）的权利。——译者注

当地协会（由阿雷内斯协会支持）的倡议下，150公顷的土地将被保留用作商议发展区（ZAC），其目标是打造一个绿色生态社区。我们现在所处的地方将建成紫茉莉岛状住房群。住房群被冠名为"叶绿素"，意思是说该社区将成为"马赛的新生绿色感官区。"商议发展区还包括另外两个岛状住房群，就在不远处，分别是"贝松之心"和"圣克鲁斯之心"。总之，成百上千的住宅、学校、商店、道路等都会落户于此，这里俨然一副小城市的模样。

处在这片荒园中，会让你时刻觉得置身于一个古老的花园里。青翠欲滴的橄榄树旁，总是能看见灿若云霞的南欧紫荆伴其左右，吸引着橄榄果上的寄生飞虫。这里还有苋菜，一种蛋白质含量很高的植物，一个真正的营养佳品，大有开发前途的植物！它在贫瘠的土地上生长，只需要少量的水，并极具营养价值。我用它来作咸味馅饼（用叶为馅，将籽撒在饼皮上）。

这儿是菊苣、野薄荷。这些数量较多的白色蝴蝶是菜粉蝶，取食十字花科植物的昆虫。那是喷瓜，如果它受到触动，会"砰"的一声破裂，把种子喷射出去。我们还可以看到各种酸模属植物，它们因其叶子形状而得了一个别名"小提琴协奏曲"。这边是品种丰富的灌木丛，有月桂、英蒾、李树、白蜡树和榛树。那些是河边常见的木贼。你看这三棵苗壮雄伟的白橡树，真是气势磅礴，它们的树龄至少有 300 年。这里还有女贞，经过修剪，它能够打造出各种景观造型树。其他的是啤酒花、荨麻、月桂，还有小锦葵、大叶子牛蒡等。推土机铲过后的短短半年，这里就被植物重新覆盖！

在紫茉莉荒园这样的地方，我看到了植物奋力求生存的天赋才华，我重新把它与千百年来人类想象的大自然珍品联系起来。在这里观察到的所有事物，丰富了我对世界的认知。从这些小植物身上，我看到了整体与部分之间相互嵌入与相互依存的关系。在我看来，这一类自然区域是城市中不可或缺的空间。有时，我们将它们铲除，是因为我们不了解其用途，就像有一段时期我们摘除扁桃体一样。这些自然区域是连通天地万物的场所。紫茉莉荒园是一个承载世界梦想的地方。

但归根结底，每个开发商都把紫茉莉荒园看成一块房地产开发区域。所谓生态社区，实际上只是一些建筑标准罢了，如隔音、采暖、蓄水等。然而，区域现有的特色元素却几乎从未被纳入建设规划中。这样的城市发展规划的症结在于缺乏对潜在价值的考量。难道该社区建设项目意在把居民安置在一个名为"叶绿素"的孤独天堂中吗？我们应该多思考区域的特有条件，以优化城市空间和生活空间的开发格局。比如，普隆比埃河水、肥沃的土地都是该区域需要保护且有待开发的王牌。这里得天独厚的天然条件，为生态社区开发提供了难得的好机会。如果不懂得就地取材，不打算利用现有资源，那又何谈打造生态社区呢？

我们不应错过让马赛成为先驱城市的机会。这是一个独特的岛状住房群，地处北部街区中心，靠近比斯里内（Busserine）和梅尔兰（Merlan）。它犹如一块不可思议的试验田，一个调和城市密度、当地生产的新型城市模板。我们需要这样的明日之城，再去建造昨日的城市将是一种遗憾。

感谢"垂直棚屋"（Cabanon vertical）社团的建筑师奥利维·贝杜（Olivier Bedu）的协助

第 13 章　自然建筑

　　尼古拉斯·梅曼（Nicolas Mémain）2011 年曾指出，在全世界范围内，建于 1945 年以后的住宅数量要多于人类历史上其他时候的住宅数量。在这方面，整体说来，马赛与世界总体情况相符，有一多半的马赛人住在第二次世界大战后建造的房屋中。[①]但在高楼和公寓的不远处，总有小棚屋的身影出现。从建筑学角度来看，在现代建筑的几何美学与当地自主建筑的不规则之间，在摒弃了盲目乐观主义的合理性与无任何构思的老建筑的不稳定性之间，城市展现了一种互异共存的壮观景象。谁也不知道哪一个更属于过去。唯一可以确定的是，这两种相异建筑实实在在地摆在这里。有时，它们也相互融合，一个小棚屋可以加盖在一栋小楼上，以增加一个

---

　　① 蒂埃里·杜卢梭（Thierry Durousseau）：《1955—1975 年马赛居民区和住宅：精彩 20 年》（*Ensembles et résidences à Marseille 1955-1975 : vingt années formidables*），比克与图书出版社（Bik&Book éditions），2010 年。

顶层的即兴建筑。在规则与习俗、国家与个人、循规蹈矩与奇思妙想、普通住房与第二寓所之间的一种对话式的冲撞中，建筑师奥利维·贝杜及其"垂直棚屋"社团独具匠心地将建筑做成了艺术作品。他们揭示了马赛这种建筑共存典型的普遍意义，并为该思想的传播做出了贡献。[①]

对我来说，紫茉莉荒地和场所艺术节都是社团创建的主要促成因素，这里也是"垂直棚屋"社团的发源地。虽然 SAFI 社团与我们不同，他们更多关注的是城市，而不是植物，但最初是他们带我们来到这里的。2002 年，我认识了紫茉莉这个壮观的地方，特别吸引我注意的是，这个庞大的未完成的城市规划项目正在被植物吞噬并被羊群占领。SAFI 社团是通过山丘来到这里的，而我们是通过居民区！

居民区建筑，我所学的硕士专业就是这个。我曾在越南河内居住过，对当地建筑十分感兴趣，这是一种自发的、原生态的、大众的、拼凑的风格。这种建筑由密集住宅区的居民们发展起来。我很想看看，在大规模城市规划的背景下，人们是如何建立属于自己的空间的。

---

① 下文均为垂直棚屋社团建筑师奥利维·贝杜的叙述，法文原文是用斜体呈现的。——译者注

怎样改造一个既定的生活环境？结合了现代运动的马克思主义曾在越南掀起过规范住房形式运动，它有时脱离了国情和社会现实。比如，厨房有公用的，但在居民区中，每个家庭又重建了属于自己的传统厨房，一般建在房屋外部。在法国，我们常看到一些工作室或小店铺被设置在庭院中，如奥斯曼式大楼背后；但马赛的这些外建部分不太相同，它们将房屋与街道连通起来。有时候，小棚屋数量众多，以致原建筑主体都被遮挡住了！

举办场所艺术节时，我刚搬来马赛不久，住在邻近古德区（Goudes）的棚屋寺院那里。在越南取得学位并居住了一段时间后，我来马赛就是为了寻找这个。当看到被遗弃在紫茉莉荒园中的混凝土建筑楼时，还有数量众多的羊群在周边吃草，我有了在这里嫁接一个越南式的古德小棚屋的想法。我当时希望回收利用所有我能在古德找到的棚屋边角料，一些材料那时已经开始被转卖，或已用于小别墅改造。我与克里斯蒂安·格斯维恩德曼（Christian Geschvindermann）一起完成了该项目（见图6）。他是布景设计师，曾与马赛及巴黎的艺术社团就有关城市方面的主题进行过多次合作。正是因为这个设计装置，我们的社团有了"垂直棚屋"这个称谓。

在这个过程中，我顺便做了一张以费利克斯-皮亚城区居民楼为主体、越南棚屋为装饰的合成照片。我所

图 6 紫茉莉荒园　2002 年 © 奥利维·贝杜（Olivier Bedu）

感兴趣的是如何创造一个足不出户就可以得到的度假天
堂。即便你无法买下一个度假山庄，你仍然可以试着在
阳台上创造出另一片属于自己的小天地。小棚屋，也是
一个休憩放松的好地方，在那里你可以脱去外衣，扮演
漂流记中的鲁滨孙，进而改变了生活姿态。对我来说，
小棚屋，让我找回了童年记忆，更让我找到一种返璞归

114　真的原生态生活。

　　虽然我们继承了这些居民区建筑，但我们还要占据它们，修缮它们，改造它们，最终使它们归为己有。对旧建筑进行彻底摧毁的逻辑，具体说来就是一种主导建筑领域的现代主义逻辑。但当前，两种新旧建筑互异并存的格局，无疑就像是一座大山难以撼动。虽说每种情况各有不同，但当我们尝试着把新建筑与现有建筑结合起来的同时，其地点和用途就被改变了。我想这便是改变的开始。我们曾设想通过"垂直棚屋"社团在社会制度方面做出一些影响，但实际上，我们更感兴趣的是当代艺术而非社会体制。

感谢阿雷内斯协会（Arènes）和场所艺术节创始人、社会学家艾蒂安·巴朗（Etienne Ballan）的协助

第 14 章　场所艺术

20 世纪 90 年代，房地产市场投机在马赛再度盛行，且涉及区域较广，其中包括市中心，13、14、15 和 16 区。居民因土地争议问题与开发商冲突不断，此类纠纷在当地仲裁案件中占有很高比例。前法国共产党民选代表鲁迪·吉耶（Rudy Vigier）回忆此事时曾表示，斗争是一个漫长的过程，但在与当地协会的共同努力下，罗斯（Rose）街区周边的运动取得了一些胜利成果，比如 S8 环路建设项目被取消。

"如果没有抵制金钱万能思想的政治决心，就不可能有真正意义上的环保。"这是 20 世纪 90 年代宣传单上的一句掷地有声的总结性话语。当时鲁迪·吉耶就认为，用马克思主义生态思想进行一场革新的条件已经成熟，或者说至少可以建立起红色和绿色之间的联盟。正如马克思本人所认为的：

资本主义农业的任何进步，都不仅是掠夺劳动者的技巧的进步，而且是掠夺土地的技巧的进步，在一定时期内提高土地肥力的任何进步，同时也是破坏土地肥力持久源泉的进步。……因此，资本主义生产发展了社会生产过程的技术和结合，只是由于它同时破坏了一切财富的源泉——土地和工人。[①]

紫茉莉荒园不仅展现着诗意般的自然景色，还具有城市规划的传奇经历，它如同 21 世纪初艺术和文化生根发芽的苗圃，在马赛自然界的近期发展史中占有特殊地位。这个面积达 30 公顷的广阔荒地，曾是位于圣玛尔特高地上的农庄住宅用地，距比斯里内（Busserine）城区几百米，位于埃图瓦勒山脉山麓。它以独特的野生景致和特殊的地理位置，为山丘、城区和弗里乌（Frioul）群岛构成的主体区域搭建了一个天然阳台。经过十几年的文化活动宣传和不懈抗争，这里最终换来了一个建造商议发展区的解决方案。如今这个独特的地方几乎全部消失，让位给了"优质环境"的住宅公寓。

在 21 世纪初"场所艺术节"创办伊始，社会学家艾蒂安·巴朗就提出了这样的观点：让户外艺术参与进来，因为它可以成为调节城市规划的新杠杆。目前，虽然这个活动节已不再举办，但它给马赛当代艺术界几位关键人物所带来的

---

① 卡尔·马克思（Karl Marx）：《机器和大工业》（*Machinisme et grande industrie*），载《资本论》（Capital）第一卷，弗拉马里翁出版社（Flammarion），1969 年。

118 积极影响不可忽视。秉持着使艺术与规划、城市与自然、土地与创作相结合的理念，艺术节还为马赛—普罗旺斯地区被推选为"2013 年欧洲文化之都"起到了铺砖引路的作用。[①]

马赛是一座"自然城市"，但这个现实却与本土公共政策相矛盾。十年来，其自然区域大大减少。意在提升城市中的大自然价值，与社会运动相结合的参与者所嵌入的社会网络在不断扩大，但与之相比，城市规划发展的速度更快。

十年前，我们投身于此类社会活动，起初一些流程还不是十分正式。那时我们知道，地产政策会有所改变。在多个协会的努力下，1993 年实施的土地利用规划（POS）在 1996 年被废止。但开发商们——布依格、考夫曼－布罗德和银行又卷土重来了，他们还骄傲地声称："这回，决定计划书制订的钢笔握在我们手中。"2000 年的新土地利用规划就是由房屋开发商们编写的。

该土地利用规划中有关圣玛尔特高地的开发引起了争议：紫茉莉荒园周围 350 公顷的面积要向城市规划敞开大门。那时我就决定，把我的社会学深入研究文凭

① 下文均为社会学家艾蒂安·巴朗的叙述，法文原文是用斜体呈现的。——译者注

（DEA）的课题定为"如何动员该区域居民进行维权"。

也正是在此情形下，我认识了景观设计师克里斯蒂安·塔米西尔（Christian Tamisier），他对马赛的"农庄住宅"（bastide）这种古朴久远的乡间艺术十分感兴趣，并开展了对其历史的研究工作。另外，街区事务委员会（CIQ）也决定参与进来，与我们并肩战斗。我们将所有人的全部论据整合到一起，做出了以下结论："可以在该区域内实行城市规划项目，但需要具备一定的前提条件：需以区域内的景观和自然遗产为出发点，结合城市北部街区的实际情况进行开发。"此前，塔米西尔恰好做了有关景观遗产和城郊之间关系的主题报告[1]。

圣玛尔特高地是一个非常难得的自然区域，它有着广阔的空间，数量众多的农庄住宅，特别是这一切处于山地和城区之间。当地利益各方难以就其用途达成共识，因此冲突在所难免。

阿雷内斯协会意在与现有的本土动员活动紧密联系起来。我们作为"活动的积极参与者"，将与被动员起来

---

[1] 克里斯蒂安·塔米西尔（Christian Tamisier）、A. 傅兹贝特（A. Fuzibet）：《有关"马赛的遗产、景观与城郊"之间关系的研究工作总结》（"Patrimoine, paysage et banlieue à Marseille", document de synthèse de travaux de recherche），市政设施部、罗讷河口省总委员会、法国普鲁旺斯－阿尔卑斯－蓝色海岸（PACA）大区文化事务局，德兰西出版社（Transit），1995 年。

的民众并肩前行。阿雷内斯协会成立于 1999 年，源自一次反对在罗斯实施的城市开发项目，是一个连接埃图瓦勒和孔伯特城堡科技城、名为"埃图瓦勒城市大道"或"S08"的城市高速公路项目。由于居民们积极参与，据理抗争，最终动员活动大获全胜，项目未被实施。我们于 2003 年在罗斯组织的场所艺术节，对此次活动起到了重大推动作用。我对此的经验就是：在揭露一个项目的弊端之前，首先要从挖掘区域的优势入手。

场所艺术节定位在艺术与城市规划的交叉点上，我们不想将其分开，甚至不想对其区别看待。在 21 世纪初，人们还热衷工业荒废地的复垦。但这种荒地通常属于公有或私有产权；一旦被擅自占据或复原，它们便会失去公共空间的所有特质，最终往往被从它所在的原有街区分割出去（依照法伦斯泰尔城理论，logique de phalanstère）。

场所艺术节具有创新意识，其目的是让真正的植物荒地、开放空地、潜在的公共空间可以名副其实地归公众街区所有。我们所采取的一个关键步骤就是走近这些空间的所有权人，针对这些空间的用途与他们进行实质性的深层探讨和会话。

几年来，场所艺术节先后在四个地方举办：2002 年在圣玛尔特，2003 年在罗斯，2004 年在卡约勒，2006

年在塞翁的观景台。艺术节通常在五月举行，历时三天，周五晚上开幕到周日晚上结束，迎来数千人参与，人数最多时达 8000 人。我们成功获得了城市文化和政策服务部门的资金支持，同时还赢得了私营合作伙伴，比如总部设在圣玛尔特的里卡尔公司。

对于每次艺术节前期的准备工作，我们会组织艺术家们到场地进行现场参观，并向他们介绍场地的基本情况及背景。我们一起漫步其中，他们能够身临其境地体验，充分了解这些场所的状况，之后可以尽情发挥自由创作。漫步本身往往就会让我们度过美妙的时光。克里斯蒂安·塔米西尔把他所谓的"大自然的社会用途"理论化，与来自东南部制度学习与研究中心的米歇尔·佩拉尔迪一起以马赛为例，采用开拓性方式将城市规划和生态环境联系起来。阿雷内斯协会正是在这种联系中组织和开展自身活动的。一般情况下，城市规划和生态环境二者之间是断开的：有人"参与城市规划项目"，有人"参加环境治理项目"，双方各有各的方式。我们通常认为有两种类型的空间，它们分别受到不同代码的制约，即城市规划代码和环境代码。我们的工作重心就是将城市与大自然二者结合起来，让大家来集体定义社会与自然的关系，因为我们同处一个自然环境中。

感谢城市规划师、地理学家让－诺埃尔·孔萨勒（Jean-Noël Consalès）的协助

第 15 章　农业型城市规划

在"马赛乡土"（terroir marseillais）的中心，距离紫茉莉荒园几公里远的地方，城市规划师让－诺埃尔·孔萨勒[①] 提出了在附近漫步三四公里的建议。于是，我们沿着位于罗斯街区和圣杰罗姆大学（13 区）之间的荒弃的植物区域一路走下去，他说希望将这里开发成步行道。他还跟我们谈了他的"农业型城市规划"理念。那么，我们能否像耕种土地一样来建设城市呢？[②]

---

① 让－诺埃尔·孔萨勒既是《共享花园在热那亚、马赛和巴塞罗那的新型城市农业创想中的作用》（*Le rôle des jardins partagés dans l'invention d'une nouvelle agriculture urbaine, à Gênes, Marseille et Barcelone*）一文的作者，也是"城市绿色网络"马赛研究计划组（法国国家科研署，ANR）的成员。该团队由菲利普·克莱尔若（Philippe Clergeau）和纳塔莉·布兰克（Nathalie Blanc）领导。

② 下文均为城市规划师让－诺埃尔·孔萨勒的叙述，法文原文是用斜体呈现的。——译者注

尽管花园在整个城市中所占面积有限，但对我而言，它们将是未来城市的中心。它们是研究大自然给城市带来哪些好处的实验室，特别是农业领域。

我早就梦想着一个广阔的城市园林项目。我将其称之为"泰拉度马赛"（le Marseille du terroir），一个可以真正谈得上马赛乡土的项目。首先，市镇土地由环绕四周的山脉划定了明确的范围、界限；其次，在19世纪，市镇中心以外的地区以农业为主。

我们现在所处的罗斯街区，处于马赛开阔的农业带的中心。该地带呈圆形延伸，有数公里宽，位于山麓与市中心之间。往东一些的圣玛尔特专门用于奶牛养殖，街区仍保留着漂亮的用树木围隔的草地。孔伯特城堡曾是蔬菜种植区。我们必须清楚，马赛需要的是一个符合自身土地特点（土地面积广阔，由阶梯状山脉界定城市范围）的特殊城市化。

19世纪是马赛历史上的一个重要转折点。19世纪中叶，马赛运河引水成功，提高了乡间别墅、小农舍及其他同类住宅的使用功能，中产阶级大多购置了此类房屋。同时，大众阶层也开始改装他们的乡间小屋。其结果是，所有社会阶层都与大自然亲密接触。

在"辉煌三十年"期间，这些农业用地已开始为城市规划服务。城市规划不是一蹴而就的，不是协商一致的，它不是像波涛那样一浪一浪推向前方，而是犹如一幅拼图，逐块逐片，一个区域接一个区域地向前推进。

正是出于此种原因，在马赛的城区、乡村、田野之间，我们随处可见这些"荒弃地"。它们是无功用的荒地，是被弃用的自然。这幅景象与一般平原城市的面貌迥异，通常那些城市中的农业地块会被统一规划成郊区（居民楼区和别墅区）。

这里是巴里埃尔胡同，位于罗斯地铁站上方，对面是边长几百米的荒地，荒地刚好在米尔和埃文（Milhe &Avons）公司高大的商务楼旁边。在这周围，到处都是封闭式住宅、小独楼和起重机。13区与14区（15区与16区也一样）自20世纪90年代末起，便开始面对巨大的增强城市密度的问题。就这样，许多荒弃土地被城市化。在提高城市密度的借口下，我们逐渐失去了所有这些绿色的空间，因为我们仅仅把它们看作是一个个待填满的城市空地。

我担心，我们正在做错一些事情。

荒弃地并不等于空地，它是生物多样性（动植物）的保留地和城市氧吧。在这里，我们不建混合意义上的密集城市，那应是城市中心完成的任务。这些呼吸空间是完全能够与城市密度布局相容的。我真心赞同"群岛城市"（ville en archipel）的建设模式——一座城市如同一个由多个被自然围绕的城市小岛组成的群岛。

我出生在拉维斯特，在那里的"38城"生活了二十三年。这些荒弃地的巨大优势在于，它们是所有人的花园。无论你属于哪个阶层，在马赛，你都可以与大自然亲密接触。

从实质上讲，最大的问题是我们要弄清楚目前的城市化模式是否符合本土的需求。比如，我们在一个居民相对贫困的土地上建造了属于中产阶级的封闭式住宅。

现在，我们正沿着这条中心线前行，在位于罗斯街区和圣杰罗姆大学之间有一整片植物区域，长约两公里半。这里应该修建一条步行道，不仅对学生有益，同时还可以将其作为一个"城市绿化带"、一个生态走廊。对圣母神慰教堂沿路的斜坡，我曾提出在这些荒弃地上修建花园的建议（那时我担任家居花园协会会长一职）。

在这些街区，我们真的如同身处隐迹都市①一般。这里，曾经的农舍矮墙仍旧环绕着新建的高级寓所；那边，小径旁的一个老十字架指向耶和华见证会组织的建筑楼；所有的乡村旧路现在都通往豪华别墅，别墅四周仍被田

---

① 隐迹是指擦掉旧字、写上新字的羊皮纸稿本可以用化学方法使原迹复现。在这里，隐迹都市是指虽然新建筑拔地而起，但旧建筑的留存痕迹仍然明显。——译者注

地围绕。另外，从名字上也能体现出这里的古影旧貌。比如，位于圣母神慰教堂路126号的这个寓所被命名为"古堡乡间别墅"。像医疗中心所在的位置，也是原来的一块农业荒地。

当你开车经过时，这里看起来千篇一律，有点单调。但当你步行时，这片城市土地上所有的丰富性和多样性就会显露出来，矮墙、农舍、小棚屋等将随之映入你的眼帘。

这里就是为上层中产阶级准备的众多半封闭式寓所之一。这里有草坪，两米五左右高的绿色栅栏保持不变，还有"适宜居住的"地面。也就是说，地面做了大面积的防水处理，一条引水溪流和一个小型蓄水池。当然，如果百年一遇的洪水来临，这个蓄水池肯定是招架不住的。在寓所后面，还有一个两旁栽满梧桐的小径。

根本问题在于，我们是否需要与大自然保持联系？如果我们把人类社会看作不变量，那么，答案就是，我们需要与大自然保持经常性联系。从这个角度来看，我们处在一个潜力无穷的城市中。如果一边是"紧凑型城市"（ville dense），另一边是"卡朗格式（calanques）的大自然"的二元公式，那么其答案则是背离常规的。在一个我们没有足够的资金来从头打造新的绿色空间的时代，却还留有这样的可能，即用低廉的价格和正确的方法来修建步行道和绿化带，以连接、利用并保护剩余的荒弃空间。

改造艾加拉德溪流并修建一个公园，这是一个很好的想法，但造价要达到数百万。令人感到遗憾的是，在同一时期，雅尔雷（Jarret）周围或罗斯街区，有几十公顷的荒地被占用，然而，却是这些荒地见证着乡村生活，而乡村则是城市的缔造者。为什么我们整天臆想着布置、创建所有的空间？首先要尊重现有资源，这难道不是城市规划应有的行为吗？

我们必须把刚刚穿越的这些区域利用起来！我们需要在利厄托（Lieutaud）小路上散步。你看，这里我们还能看到猪槽。沿着这条城市小道漫步，总能让人感受到城市景观中弥漫着的乡村气息。几百米远的地方，一幅对比鲜明的画面呈现在眼前。在卡西诺超市停车场上，长满了一丛丛的蒲苇——一种蔓延速度很快的装饰植物。这些植物甚至蔓延到了不远处的村镇中心，这样的村镇才为想象中的真正的生态社区提供了一个极好的模板，比那些新建的所谓的"生态街区"更加名副其实。

人们创造出了带封闭式住宅的城市，那么，这样的城市是否宜居？它又能否正常运转？此外，有些人认为乡村道路过于狭窄，造成交通拥堵。所以要启动 RD4D 新道路工程，这样做会导致位于城市东面的很大一部分农业地块消失。

　　自马赛运河建成以来，在水位线上方，我们仍保留着种植橄榄树的习惯，它是普罗旺斯非灌溉土地上典型的农作物。这条运河、这些大棚、这些矮墙、这些棚屋、这些田野，显然，它们都是宝贵的东西。这种景观是实用的、明智的。幸好有科学的生态理论来理解并解释这一切。正如"马赛菜篮子协会"成员宣称的那样，要让农业重返马赛社会。我觉得这个主题确实值得我们认真思考。

　　不妨以城市生态学作为参照标准，从另一种角度对新城市规划进行思考。但无论其理论是否有效，它势必会与城市的效益逻辑（一种对城市的惰性思维）相冲突。在考虑如何行动之前，我们应该先与城市生态学倡导者菲利普·克莱尔若一起，来共同审视城市生态学的理念和前景。因为它不仅是一门科学，而且并不只关乎社会学，它涉及我们的价值取向和我们在世界中的行为表现。

感谢护理人员瓦西拉·莎拉维（Wassila Sahraoui）的协助

他也有这么一个相当惊人的信念：人与人之间是相互联系的，孤身只影就相当被判了死刑。我认为对他来说，单独的个体，男人或女人，可以有权拥有孤独的人，只有他在加拿大认识的"萨满教巫医"。

　　　　　　　　　　——吉姆·哈里森（Jim Harrison），

　　　　　　　　　　《重返大地》（*Retour en Terre*）

第 16 章 并不孤单

　　我们是否应该一脚迈出西方世界，来看看在支离破碎的社会组织结构中，我们的城市是多么孤单？在新自由主义无所顾忌的激进性的作用下，玛格丽特·撒切尔曾明确提出一种理念，该理念现已成为西方的主导思想："根本就没有'社会'这种东西。只有个体的男人和女人，有家庭。"①

　　在马赛，西方现代文化习俗与其他非现代或非西方文化的习俗和谐地交融在一起，当然这依照的是另一种社会与个人关系的理念。瓦西拉·莎拉维，生于马赛，父母是阿尔及利亚人，在比斯里内（Busserine）和圣朱斯特－柯罗（Saint-Just Corot）长大。在这期间，她从未远离丰特博斯屈尔公园，她喜欢"开放和冥想"的地方，最近她与其伴侣还在这里举办

---

① 在 1987 年 9 月 23 日的专访中，道格拉斯·凯伊（Douglas Keay）引用的玛格丽特·撒切尔（Margaret Thatcher）的话，《妇女界》（*Woman's Own*）杂志，1987 年 10 月 31 日。

了婚礼。作为姑息治疗的护理人员，她向我们见证了：生命，就是联系。①

　　这个患者来自北非乡村，他住在移民劳工宿舍（Sonacotra）。他一脸迷茫。如果说他至少还有一个家人的话，那这位亲人应该还在农村老家。看不出他的年龄，癌症侵蚀着他。他的眼神很特别！他的眼神可以穿透你的心灵。他的脸皱巴巴的，但他的眼睛却很明亮，一种蕴含着无辜的眼神，像一个住在衰老身体中的孩子似的眼神。

　　他从来不说他痛苦，可能是因为他一直痛苦。疼痛让他感到耻辱。我问他："你疼吗？——嗯。——一至十个等级，你是多少级？"对于姑息治疗，我们总是这样做，把疼痛分为十个等级。他用手指比画，告诉我八级。

　　这名男子，让我感到束手无策。他总是沉默不语。他觉得他要离开了。他从来没有要求过任何东西，也没说过"我饿了"或"我渴了"。但自从我和他说话（阿拉伯语）的那一天起，他称我为"我的女儿"。我用法语告诉他将去做化疗。我以为他会跟我讲法语，但当一个人知道自己将用阿拉伯语死去的时候，他也没有必要讲法语了。

---

　　① 下文均为护理人员瓦西拉·莎拉维的叙述，法文原文是用斜体呈现的。——译者注

134

　　总之，他在医院住了几个月，病情一次次复发。有一天，我看见他回来，我知道这将是他的最后一次回来。当我看到他时，只见他孤单一个人，甚至还没有被生命抛弃，但却已放弃说"我很痛苦"。他已全盘接受这一切。对他来说，这样比较好些。但对于看着他的人，却感到无以承受之重。

　　人们总是教导我们必须抗争。但有时，不如不抗争。在这种情况下，你完全处在自己的精神世界里。你已不再居于肉体之中。这病人，他应该是情不自禁地开始自己和自己讲话了。

　　看到他已经不行了，令我感到惶恐的是他身边竟没有一个人。对伊斯兰教徒（吉卜赛人也一样）来说，身边总应该有人守护——至少在这一刻，在生命即将结束的这一刻。我跟护士说："你要联系他的家人。"从他第一次来医院，就没有人了解过他。他甚至没有证明文件，也没有身份证，他就像未患病的普通人。

　　护士对我说："没办法，只有让他这样离开。"

　　"我还活着"，我回复她，"我不会让人就这样孤单地离开。"

　　死亡的时间是不可预知的。有时需要一个小时，有时则是三天，即使所有的征兆都表现出来，甚至连医生也不知道确切的时间。这取决于个人的抵抗力。死亡，是我们每个人都将面对的。它会有些明显的征兆：嘶哑的喘息，神经性呼吸困难（呼气和吸气之间长时间停顿），身体发绀，手脚发蓝，眼睛失去光泽。仿佛突然之间，一切都蒸发了。眼睛翻过去。

他大约是在黄昏时刻 18 点死的。我给了他做了逝者应有的梳洗。他被安放进一个公共墓地，甚至没有一块石头来记住他曾经存在过。当时，他甚至没有表现出任何抗拒，只有我在为其痛苦呼喊着。

我在马赛这家医院当护理人员，每周大约有六人死去。之前，我在一家临终关怀机构工作了好几年。但在医院，我们没有陪伴临终病人这一说法。我的同事们对我说："唉，我不能这样做。"

陪伴某人，意味着牵着他的手，触摸他。病人家属问我："我该怎么办？"他们认为陪伴病人一定要说很多话。但有时，完全不需要讲话。注视、触摸，这就已足够。在非洲，你可以看到朋友们花几个小时待在一起，一言不发。但他们很享受在一起的时光。

我告诉家属："这不是因为他不再愿意与你讲话，他需要与我们在一起。你可以通过触摸，让他感受到你的温暖，给他传递你的能量。"就像动物，它不会说话，但爱抚可以让它感知到我们在它的身边。病人，有时就像一个失去了语言能力的人。

你看，还有这个女孩，当她发现我握着她的手并抚摸她的额头的时候，她突然泪如雨下。她哽咽着对我说："这是六年中我第一次看到，在人临终前还有人陪伴。"

这家医院的病人数量较多，护理人员相对不足。所以，我总是在没有任何预约的情况下，挨个来到每个病房。即使病患亲属在那里，我也会和病人说上一句："我们在这里，你不是孤单一个人。"这也是所有陪护者口中最常说的一句话。

我陪护病人已有八年了，其中一些人我已经忘记了，但我记得有一个物理治疗师非常害怕死亡。我握着他的手足足有四个多小时。最后，我的胳膊都僵住了，就如同他将死亡的血液输给了我。那一刻，我体验到了什么是肉体的脱离，就是身体由温暖变得冰冷。当我放开他时，我不由得大声嚷叫起来。

他也对我喊着："不要放开我！"

我回应道："你不是一个人。"

当瓦西拉开始谋生时，她居住在市中心靠近普莱纳的一个公寓单间中。她必须学会独自生活：

那时我很孤独，不知道该怎么办。之前，我未曾体会到这种感觉。我不得不学着适应。自从我出生，我从来没有独自一个人在公寓中居住过，甚至都没单独在一个房间住过。我们一大家子共同居住在一个四居室中，包括 11 个兄弟姐妹、我的父母、祖父母和阿姨，我与兄弟姐妹们一起长大，直到他们各自结婚搬出单独居住。我还曾和三个祖母同在一个屋檐下生活过。我孤单一个人，从未有过这种情况！

当然，我们可以暂时孤单，可能我们需要定期地舒缓一下我们的社会关系。作为统一的有机体，从身体上讲，我们能够独自生活；作为具有反思意识的人类，我们构成了一个独立的或相对独立的实体。我们可以独自享受一小时、一晚、一星期或者十天的时光。一个月则比较罕见。一年，就可称得上是隐居了。但是，隐士也并不是孤零零地住在荒无人烟的地方，他们还会有至高的精神力量陪伴左右。虽然有时我们觉得被禁锢在社会中，事实上是我们更加难以真正地长期孤独。我们被"禁锢"在社会中，就如同我们被"禁锢"在呼吸的空气中一样，最好的应对之法就是忍耐。从根本上讲，我们通过他人获得了属于自己的身体和属于自己的灵魂。我们个人的根源也来自他人，从心理上来说也是如此。没有爱，我们无法生活。

个人作为人类实用主义的成果，是一个现代的产物，是包括国家和生产机器在内的社会组织体系内的产物。从某种意义上说，玛格丽特·撒切尔的理念是对的：我们所建造的个人和家庭的机器，已经不再能够构建社会。如果说社会组织如同生物圈组织一样被撕裂，这是否是一种巧合呢？

依照"套套逻辑"①，说孤独不是人的本性，甚至说人是一种社会性动物，这些都不足以表达人的社会性本质。人具有社会性，几乎所有的动物都是如此，越具有智慧性就越具有社会性。换言之，我们的人性，即我们的智力素质和道德素质体现，我们以此来区分我们各自的不同，它是我们在天地万物间的表现。人性与我们高级的社会性密不可分。我们具有智慧是因为我们具有情感同化性。这种高级的社会性远不是一种异常表现或者一个特例，也绝非一种过高或过低的超自然能力体现，它是生物具有的典型特征。社会性，它不是满足人类优越感的标签，也不是区分我们与非人类世界的符号；它是完美的反映生物整体形象的标志。正如生态学家和动物生态学家今西锦司所说："所有生物都是社会的，所有具有社会性的都是生物。"②

---

① 套套逻辑（tautology），即重言式、永真式，哲学逻辑的一种。它是指在任何情况下也不可能是错的理论，这种理论具有极大的一般性。译者注

② 今西锦司（Kinji Imanishi）：《生物世界》（*Le Monde des êtres vivants*），荒野计划出版社（Wildproject），2011 年。今西锦司是自然主义者和哲学家，20 世纪 50 年代日本灵长目动物学创始人。

人像所有哺乳动物一样（在某种程度上，如同所有动物，甚至如同所有生物）呼唤着相互依赖，就像呼唤着相互不可分割一样强烈。包裹着每个生物的外壳，只有在既密闭又相互贯通时，如多孔隙的条件下才能运转。生命体的一个显著特性就在于独立的小系统的自主性与其对生存环境的依赖性之间的辩证关系。所有生物，从酵母到灵长类动物（包括树木），其特征就是拥有一个区别于其环境的外壳、一个内部系统组织、进食能力、繁殖能力。

生物的社会属性不仅在其构建的社会中反映出来，同样也通过每个成员的身体反映出来。因此，从定义上讲，一个生物个体是不完整的。它具有一个竟在促使个体不断与周围世界相互作用并充分利用周围环境的设计结构。生命的边界线在任何情况下都不会勾勒出机体和世界之间的绝对差异。我们的机体是带有孔隙的，正如中世纪小镇由带大门的城墙围绕，或犹如任何房屋都有门窗与外部空间相通。我们机体中的不同孔隙具有以下几个主要的功能：保持机体的活力，确保其各个部分的维护与更新，对其进行复制。功能的必要性越强，实现的频率就越高，由此派生的乐趣就越细微。无论如何，与世界经常性地互动，对我们的情感生活至关重要。

我们是具有孔隙的，不仅如此，其实皮肤本身就是一个精细的孔袋，因为我们的整个身体每一刻都在呼吸。多孔性

140

是生物普遍具备的基本特征，其具有动力矛盾论，或者矛盾动力论的标签：只有与世界保持不断的联系，生命个体才能够保持其自主性。这种与外部有条理的关系能够使个体保持自身不变，只有不断与外部联系，才能够维持自身原有面貌。正是在这个意义上，今西锦司提出将食物视为环境的广延，而环境如同生物的广延。[①]

我们在"环境"中，不像家具在房间里或演员在舞台上。因为我们的身体是一个多孔隙系统，我们的生命与其赖以生存的环境密不可分且不断交流——生命有多长，交流就有多久。

无论社会对自然界形成的概念与现实的相符程度如何，这种概念都与其自身的内部组织密不可分。一方面，因为我们将社会组织的观念投影到作为人类起源地的大自然中，比如俄罗斯的自然主义者和无政府主义者克鲁泡特金（动物之间互助合作理念的守护者）批评英国达尔文的"为生存而斗争"的生物进化理论。另一方面则相反，我们的自然理念对我们的社会组织产生影响。在宗教世界里，国王化身为人与神之

----

① "食物从嘴进入体内消化系统，并不是立即被消化，从而我们把消化系统看作外部世界进入我们身体内部的一个连接部分，并将其视作环境的广延。……环境正在成为生物，换言之，环境被生物本身同化，因此环境可以被称作生物的广延"。参见今西锦司：《生物世界》，荒野计划出版社，2011 年。

间的中介，森林保有被庇护者的形象，因为通过在森林中的狩猎仪式，可以体现出国王代表大众与野生世界抗争的英勇，使得国王至高无上的权威得到延续。[1]

我们不能任意妄为地将大自然看作一个机器。以人类尊严为名，我们已用了两个世纪来优化我们控制非人类世界的科技手段，这几乎是超自然的。如今，我们却在为保持人类基因与人类自身科技工程之间的距离而苦苦支撑着。

当代城市，犹如生产机器的附件，为无定限的经济增长目标而组织起来，在世人心中保有着这样一个普遍形象：无意义且令人心生畏惧。但对于大自然，到目前为止，我们还没有证明它具有被假定的普遍机械性。当文明最终以其自身的机械模式来诠释宇宙时，原始自然似乎在以一种奇特的方式讲着人类语言。在某些因摆脱了工业束缚而使其对主流世界的吸引力下降的城市中，杂草的闯入似乎在宣布着某种重生。

---

[1] 罗伯特·哈里森（Robert Harrison）：《森林：西方幻想论》（*Forêts : essai sur l'imaginaire occidental*），弗拉马里翁出版社（Flammarion），1992 年。

我是孤独的，

你知道我们把什么看作狂野，

就是有人竖起手指，

但却无人能够明白。

——凯尼·阿卡纳（Keny Arkana），《孤独》（*La Solitaire*）

第 17 章　狂野风格

一个巨大的黄色斑点不辞辛劳地照着墨色的天空，周围有几颗星星在闪耀，这描画的仿佛是夕阳西下的景象。地平线上，日落黄昏夹杂着路灯橙色的光亮，突显出迷人的天际线，画面最前方出现了四幢灰色的高层住宅楼，满载千家万户灯火的方形小窗色彩斑斓：黄色、红色、绿色、蓝色、青绿色。突然间，层次分明的画面在最后一幢楼那里中断，被一道划破天空的闪电打乱，一大片单一的绿色涌现眼前：一片片宽大的椰树叶悬挂在静止的空气中。只见叶影下，海滩弯绕绵延与半透明的海水交织，海水颜色渐渐由浅变深，直到与一团巨大的霞光倒影混成一片，海天相连。

在余晖的渲染下，绯红无垠的天空中还漂浮着几朵小云。远处，一座小山丘上，两棵好似中国剪纸的棕榈树悄然显现。中央的那一道闪电，一端映在楼群上，一端映在沙滩上，显露出几个白底红边的文字：丛林（Jungle）、热（Fever）。字母 g 的小尾巴勾住大写 F 的上端横杠和最后的小写 r，描画出一两

144　　滴汗珠的模样。

　　这幅海洋风景壁画位于科摩罗（Comores）互助协会、流浪汉聚居区和贝莱尔工人城之间，高2.5米、宽15米左右，它遮住了国际宗教及慈善公益组织建筑楼旁一个小屋的水泥面。在大门的另一边，同样大小的第二幅壁画，上面画着由月桂叶环绕的两只黝黑的大手，双手中间捧握着一个大写的名字：费利克斯·皮亚特（见图7）。

图7　费利克斯·皮亚特（Félix-Pyat）路　2010年7月30日，摄于尼古拉斯·梅曼（Nicolas Mémain）组织的散步期间 © D.R.

我们处于国家大道的背面，邻近费利克斯—皮亚特路 143 号，对面是围着破旧不堪护栏的贝尔维尤区域。这里曾是法国贩毒网络的枢纽，一个鱼龙混杂之地，现已基本走上正轨。"贝尔维尤公园"城，由在 20 世纪 50 年代中期第一批从突尼斯返乡的归国人员在工厂的废墟上建造起来。该工厂原是欧洲最大的肥皂厂之一，已有百年历史，厂房所在地原先是一块农田。在城市中心区外围，刚好处于北部街区的边缘线上，这里曾是马赛的农业光环地带，因其土地干燥适宜葡萄和橄榄种植，千百年来一直是这两种作物的专属种植区域。一个在该街区长大的孩子说过："在马赛，当我们说我们是贝尔维尤（Bellevue）的，人们看着你好像在说：'OK，尊重他。'"这个曾经的孩子就是卡迈勒·萨利赫（Kamel Saleh），因电影《如同磁体》（*Comme un aimant*, 2000）而一鸣惊人的导演，与其他贝尔维尤的年轻人和 IAM 乐队的两名成员阿肯那顿（Akhénaton）和弗里曼（Freeman）一起，通过影片为大家讲述了一帮游手好闲的顽劣男孩的日常生活。

《丛林热》（*Jungle Fever*, 1991）是由斯派克·李（Spike Lee）执导的影片，这位才华横溢的导演是布鲁克林的颂扬者，也是卡迈勒·萨利赫所欣赏的大师之一。马赛、布鲁克林这两个地方有着极强的文化相通性：同样浓烈的家乡情怀，同样如画的风景，同样充满生命力，与意大利有着相同的渊源，对比萨饼有着同样的热情，相同的体育爱好（足球或棒

146

球），相同的慵懒的生活态度，相同的斗嘴方式，同样的无诚意，同样反首都的意愿（反曼哈顿或巴黎），同样的质朴和热心肠，同样的伟大和同样的苦难。更有趣的是，面积几乎也是相同的，240 平方公里^①。

依照经典说法，后工业化城市被形象地比作一片丛林：从表面上看，这里是城市规划无法厘清的混乱地区；从内在上讲，这里是受到蛮力支配的无情疆域。正如"野蛮人""不文明的人"或"荒漠"这些词汇一样，虽然丛林的定义未被明确界定，但它往往被看作是与"文明的"或由人类占据的空间相悖的区域，而且所有这些含有贬义的词语之间似乎是可以相互转换的。实际上，丛林在梵文中的意思是"荒漠"（jangala），居住在其中的是野蛮人（森林人，silva）即"不文明的人"。"城市丛林"现已成为一种司空见惯的说法，它指的就是与现代城市和文明背道而驰的区域。简单地说，丛林，是"文明人"未到达的地方，是人类未对其景观掌控的地方，是人们在其中找不到归属感的地方。从金士顿的特伦奇汤街区或纽约街区汲取灵感，鲍勃·马利（Bob Marley）创作出歌曲《混凝土丛林》（*Concrete Jungle*），这也是"哭

---

① 马赛拥有90平方公里的未开发的自然区域，布鲁克林则有70平方公里的水淹地，所以这点基本相同。对于剩余的空间，布鲁克林有250万居民需要安置，而马赛仅有约80万人口。

泣者"乐队的第一张专辑《点燃》（*Catch a Fire,* 1973）的第一首歌曲，抒情感性的歌词与略带忧伤的旋律相融合：

> 今天没有阳光闪耀，
>
> 美丽泛黄的月光也不会来到，
>
> 黑暗遮住了我的光芒，
>
> 将我的白昼变成了黑夜。
>
> 去哪里寻找爱？
>
> 会有人告诉我吗？
>
> 我必须在某个地方找到我的美好生活，
>
> 远离这个混凝土丛林，
>
> 这里的生活十分艰难，
>
> 混凝土丛林，
>
> 我呀，我必须全力以赴。

"城市丛林"，是布莱希特笔下的芝加哥，是暴力、罪恶和陷阱滋生的城市领域，一个让人看不到尽头、像触手般伸向四面八方的世界。IAM 乐队的作品《丛林故事》（*Le Livre de la jungle*）里面的一段说唱歌词，就对城市中的动物进行了分类（以地下和夜行动物为主）：

> 夜晚的被单盖住了千年古城，

148

一种紧张的气氛弥漫开来……

丛林故事，等你来发现……

城市丛林中，各种动物形形色色，

恶毒的动物，让你避之不及，

大狐狸遇上小狐狸，地沟鼠，鬣狗，

豺，狼和母狗，

凶猛的秃鹰和毒蛇，

弱小的爬行昆虫，

那些装成友善的动物，

原来是不劳而食的寄生虫。

在费利克斯—皮亚特的海洋风景壁画的左边，是大城市的现实空间，由冷酷无情的几何构造填充着；右边，是梦想、想象或救赎的空间，是一个充满光明与和平的大自然，犹如至纯至美的伊甸园，又好似大自然在城市的夜晚中，敞开了这些彩色的窗户。也许海洋风景壁画在暗示着我们，阳光要靠我们自己发现，在照亮我们的空间、超越我们的现实的内心愿景中去找寻。从阴暗到光明，从地狱到天堂，从城市到自然，在此变换之间，一定有一道魔法的光束闪过。这道魔法之光是什么？是丛林热吗？

在美国俚语中，"丛林热"指黑人与白人之间的男女暧昧关系。第二次世界大战结束，一些回国的美国士兵也将对遥远国度女性的爱慕带了回来。丛林热，是"文明"与"大自然"之间的电光交织，是城市的文明白人男子与丛林的黑人女子之间的火花交错。斯派克·李打破惯例和陈词滥调，在他的电影《丛林热》中运用了通俗的表现手法，讲述了一个黑人男子（建筑师，已为人父，娶了一位黑人妻子）与一个白人女同事之间的婚外情——两个人产生暧昧关系，由此引发情感危机，最后回归家庭。

斯派克·李创作的电影在对种族歧视进行深入分析的同时，总是能让性与爱的情感得到释放。他拿捏住了节欲和痴缠之间的微妙平衡。《她说了算》（*She's gotta have it*, 1986）[①]描绘了一个年轻女子不断寻找情感刺激，从而拥有多个伴侣的故事；《山姆的夏天》（*Summer of Sam*, 1999）则采用暗示与直接并重的表现手法，讲述了大男子主义、抑制、清教、歧视和谋杀之间的冲突关系。在社会暴力迸发的背后，总是隐藏着肉体愉悦的影子。身体、欲望、诱惑、爱情、背叛、失望、暴力……是其影片不变的基调。

大自然，它不是绝对整齐划一的绿色，高山、丛林或沙漠都是如此。无论是丛林还是混凝土，我们把自己的焦虑和温柔、暴力和欲望、希望和挫折、爱与恨交给了这片土地，

---

① 这部电影的法文名为《诺拉·达令》（*Nola Darling*）。

150　　这才是大自然具备的真正能量。同样的悖论，清教徒的禁欲行为往往是与强迫性性行为相反的另一个极端，就好似我们越要求自己"脱离大自然"，我们就越不文明；我们构建世界的思维，有时常常变成了有害于"原始自然"的暴力想法。

　　源于美国大都市贫民街区的城市文化，确定了审美、态度和风格的轮廓。它是边缘的，但也是世界的。它与城市贫困一样，已成为当今世界城市的一种基调。嘻哈文化吸引了因当代艺术的软弱无力而感到疲惫的艺术家和评论家们——这种文化风格之所以吸引人，是因为它的独立性与自发性、自然性与独特性，是因为它流淌着充满生命力的血液，其内心无法压抑的原始冲动翻涌而出。《狂野风格》（*Wild Style*, 1982）这部嘻哈电影的开山之作，它的片名刚好将其特质反映了出来。海洋风景壁画中的天际线部分，便引用了与影片开头一样的图案。

　　狂野风格，在涂鸦语言中，起初指代一种变形的、特定风格的、用箭头和符号勾勒的文字，一般人几乎无法理解。通常，涂鸦被视为一种艺术，其创意形式多种多样。随着查利·阿赫恩（Charlie Ahearn）这部电影的播放，狂野风格现在已经成为嘻哈的口号，成为这种诞生于街头、郊区、20世纪居民聚居区或某个未知区域的创意潮流的标语。

　　马赛说唱小王子阿肯那顿是个生于马赛农村的孩子，在普朗德屈克长大。那个年代，他的家乡可谓是一个由田地包围的真正的村庄。对抗铲土拖拉机，捍卫大自然，他回忆了他第一次为环保而战的情景：

在 20 世纪 80 年代初，普朗德屈克的面貌发生了根本改变。小村庄已变成富裕的中产阶级居住的郊区。我童年生长的地方是如何进行城市规划的，我真是深有体会。我家房前，曾有一幅河流（雅尔雷河）和森林组合而成的美丽画面。然而，仿佛一夜之间，房地产开发商们包围了田地，在上面建起了房屋，那些田地曾是我们嬉戏玩耍的场地。新建的房屋吞没了我们搭建的棚屋，霸占了我们用于集合与捉迷藏的废弃牛栏和马厩。眼睁睁地看着推土机无情地推翻了我们的小世界，我心中充满怒火。我和伙伴们组织起来与他们对抗。大概有六七十个年轻人组成了行动迅速的别动队，开始以向工地上那些可怜的家伙们投掷石子的方式展开反击，力图阻止他们侵占我们的土地。反抗行动持续了两天，虽说扔石头仅维持了两天，但这也可称得上是普罗旺斯的一场小群众起义。从诸多方面来看，普朗德屈克的城市化宣布了一个时代的终结，标志着一个黑暗时期的开始。

152 它为我们从童年到青年的过渡画上了浓重的一笔。①

凯尼·阿卡纳（Keny Arkana），是马赛新生代说唱歌手中的缪斯女神（依照她自己的说法属于"第三代说唱歌手"）。她将大自然领进了法国的说唱世界：

狂热，

人类与生俱来的，

是谁修砌了一面面墙，

混凝土将我们团团围住，

难道我们害怕大自然吗？

狂热，

因为人类已忘记，

这属于他的一部分，

人与自然和谐相处，

但和平鸽飞去了什么样的世界？

谈及关于大自然的理念，我们习惯同时谈及与之相反的另一个思想，即文明的理念。当城市与自然无法区分时，我

① 阿肯那顿（Akhenaton）：《B面》（La Face B），堂·吉诃德出版社（éditions Don Quichotte），2010 年。

们进入一个一切变得皆有可能的富有诗意的自由区。很少有城市像马赛一样，拥有这些中心边缘区。在规范变更的时代背景下，对我们来说，最合适的方法就是站在外围，定神细观世界未来的走向。

附录 远足小径 2013 宣言

远足小径，一个艺术项目

远足小径 2013（GR 2013）是在马赛城周建设的一条漫步路径。作为第一条城市漫步路径，GR 2013 是一个艺术项目，因为它是爱好徒步的艺术家们集体构思的成果。其中，包括尼古拉斯·梅曼（Nicolas Mémain）、昂德里克·斯特姆（Hendrik Sturm）、达莉拉·拉迪雅尔（Dalila Ladjal）、斯特凡纳·布里塞（Stéphane Brisset）、劳伦·马隆（Laurent Malone）、丹尼斯·莫罗（Denis Moreau）、马蒂亚斯·普瓦松（Mathias Poisson）、若弗鲁瓦·马蒂厄（Geoffroy Mathieu）、朱莉·德米尔（Julie de Muer）、克里斯汀·布雷顿（Christine Breton）。但这条路径也被设计为连通城市与自然的步行基础设施，它不仅更新了我们的空间使用习惯，也提高了城市景观的文化品位。它适用居民、远足者和广大游客，包括文化旅游者和艺术爱好者。

远足，作为一种社会现象，如果说这条匠心独运的路径被贴上"远足"的标签，是因为它那红白色的线路标记已成为一种社会文化现象的象征。这种以散步为基础的休闲活动已经历了半个多世纪的发展。据全法徒步联合会（Fédération française de randonnée）表示，法国拥有 800 万远足者和 18 万公里长的步道（以每天 20 公里的行程计算，相当于 30 年行走的距离）。徒步游是衡量我们与自然关系变化及其走向的重要社会文化指标，如今，它又开辟了新的物质区域和文化区域。

如果远足在很大程度上促进了环保意识的觉醒，那么，它的实践在很大程度上仍局限于"野生"区域范围内，即人迹罕至的地方，从而在人们心中仍然保持着一种城市世界（人类世界）与自然世界之间的二元论错觉。

无须去遥远的尼泊尔进行徒步旅行，"城市远足"邀请大家一同来发现被忽视的城市中的大自然之美。在日常生活中被我们遗忘在街角处的野生植物，也同样具有生物多样性的生态功能价值。正如生态学和"土地伦理学"（大地伦理学）的先驱奥尔多·利奥波德（Aldo Leopold, 1887—1948）所说："野草与红杉有着相同的生态教育意义。"由此看来，远足小径 2013 也是一本理想的生态学习教材。

远足小径 2013 在让大家体验别样的空间漫步的同时，它也为远足活动的发展增添了现代活力，这个行走的艺术会在 21 世纪拥有更加美好的前景。

"呼吸纯净空气"：徒步旅行在马赛的百年发展

罗纳河口省是法国第一个徒步游省份，有一百多个远足社团先后建立。马赛徒步旅行者协会（Société des excursionnistes marseillais）于 1897 年成立，它是法国至今仍十分活跃的最古老的徒步游协会之一。徒步游之所以在马赛兴起，主要得益于卡朗格的存在、家庭远足的发展需求，以及人们把这里当作徒步阿尔卑斯山的准备和训练地。另外，正是这些徒步旅行者们在 1910 年组织了法国历史上第一次为保护自然景区（米欧港）而反对工业项目（索尔维采石场）的游行活动。

在卡朗格成为国家公园时，这条连通城市与自然的远足小径项目的设立，也是对延续了一个世纪的徒步文化的继承与发扬。

文化的社会实践

该项目基于某种文化理念而建立。与其说文化是一个活动领域，是一种艺术素材，倒不如说它是构建我们行为和生活的整体习俗和表现，是我们赋予了其含义。在这种理念中，文化和社会紧密交织在一起，并与更广泛的"文明"概念相融合。

以我们生活的土地为中心，远足小径 2013 项目更新且丰富了我们与大自然的关系。它让人类通过在自然中的活动，对文明及文化的意义进行深入的探寻与思考。

有什么其他方式比切身感受城市所处的自然空间更能建

设好城市呢？有什么其他方式比亲自行走在我们的土地上更能了解这片土地呢？也许正是出于此种原因，佛教徒把行走看作是无为（无所作为当中的有为）的一种主要形式。当然，这也是通往智慧的最佳路径。

远足小径 2013 愿意凭借其自身特性成为未来城市的文化实验室。

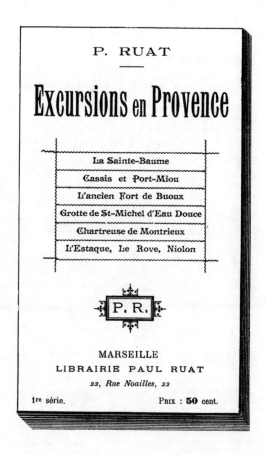

《普罗旺斯徒步旅行》①1892 年第一期封面

---

①《普罗旺斯徒步旅行》(*Excursions en Provence*)，是由保罗－吕阿出版的，他于 1897 年创建了马赛徒步旅行者协会。

参考书目

Ⅰ.生态城市学

1. 埃比尼泽·霍华德（Ebenezer Howard）：《明日：一条通向真正改革的和平道路》（*A Peaceful Path to Real Reform*），天鹅阳光出版社（Swan Sonnenschein & Co.），1898 年（再版更名为《明日的田园城市》，*Garden Cities of Tomorrow*）。

2. 伊夫·格拉夫梅耶尔（Yves Grafmeyer）、以撒·约瑟夫（Isaac Joseph）：《芝加哥学派，城市生态学的诞生》（*L'Ecole de Chicago, Naissance de l'écologie urbaine*），奥比耶出版社（Aubier），1984 年。

3. 安妮·惠斯顿·斯派恩（Anne Whiston Spirn）：《花岗岩花园：城市自然与人文设计》（*The Granite Garden, Urban and Human Design*），基础读物出版社（Basic Books），1984 年。

4. 理查德·T. T. 福尔曼（Richard T. T. Forman）、米歇尔·戈德龙（Michel Godron）：《景观生态学》（*Landscape Ecology*），约翰·威利父子出版公司（John Wiley and Sons），1986 年。

5. 伯纳迪特·利兹特（Bernadette Lizet）：《城市中的原生态：从自然主义到城市生态学》（*Sauvages dans la ville: de l'inventaire naturaliste à l'écologie urbain*），法国自然历史博物

160 馆出版社（Publications scientifiques du Muséum），1999年。

6. 纳塔莉·布兰克（Nathalie Blanc）:《动物和城市》（*Les Animaux et la Ville*），奥迪勒-雅各布出版（Odile Jacob），2000年。

7. 保罗·布朗夸尔特（Paul Blanquart）:《城市历史：社会再思考》（*Une histoire de la ville: pour repenser la société*），拉德库维特出版社（La Découverte），2004年。

8. 让-诺埃尔·孔萨勒（Jean-Noël Consalès）:《马赛、热那亚和巴塞罗那的家庭花园：地中海沿岸地区城市农业土地的实验室》（*Les Jardins familiaux à Marseille, Gênes et Barcelone: laboratoires territoriaux de l'agriculture urbaine dans l'Arc méditerranéen*），艾克斯-马赛大学（université d'Aix-Marseille），博士论文，2004年。

9. 樊尚·阿尔布伊（Vincent Albouy）:《城市大自然求知者指南：12条城市漫步路径》（*Guide des curieux de nature en ville, 12 promenades citadines*），德拉绍与尼埃斯莱出版社（Delachaux et Niestlé），2006年。

10. 菲利普·克莱尔若（Philippe Clergeau）:《城市景观生态学》（*Une Ecologie du paysage urbain*），极点出版社（Apogée），2007年。

11. 埃马努埃莱·科科（Emanuele Coco）:《不守承诺的到访者，如何与动物生活》（*Ospiti ingrati, Come convivere con gli*

animali sinantropici），诺特滕波出版社（Nottetempo），2007 年。

12. 雅克·维卡里（Jacques Vicari）：《城市生态学——城市生死之间》（*Ecologie urbaine: entre la ville et la mort*），因弗里出版社（Infolio），2008 年。

II. 关于马赛

1. 保罗·吕阿（Paul Ruat）：《普罗旺斯徒步旅行》（*Excursions en Provence*），保罗 - 吕阿出版社（Librairie Paul Ruat），第 1 至 10 期，1892—1901 年。

2. 安德烈·苏亚雷斯（André Suarès）：《马尔西霍》（*Marsiho*），格拉塞出版社（Grasset），1933 年。

3. 瓦尔特·本雅明（Walter Benjamin）：《拉斯泰利叙述》（*Rastelli raconte*），瑟伊出版社（Seuil），1987 年。

4. 米歇尔·佩拉尔迪（Michel Péraldi）、让 - 路易·帕里西斯（Jean-Louis Parisis）：《走向绿色：国家和社团运动在自然生态制度化中的关系》（*La Mise au vert : des rapports de l'Etat et du mouvement associatif dans l'institutionnalisation des loisirs de nature*），艾克斯 - 马赛第一大学（université de Aix-Marseille-I），博士论文，1981 年。

5. 米歇尔·佩拉尔迪（Michel Péraldi）：《马赛：景观、城市与记忆》（*Paysage, ville et mémoire: Marseille*），东南部制度学习与研究中心（Cerfise），1988 年。

6. 皮埃尔·维达尔-纳凯（Pierre Vidal-Naquet）：《河流、运河和大海：马赛水系》（*Les Ruisseaux, le Canal et la Mer: les eaux de Marseille*），拉马丹出版社（*L'Harmattan*），1993 年。

7. 蒂埃里·杜卢梭（Thierry Durousseau）：《1955—1975 年马赛居民区和住宅：精彩 20 年》（*Ensembles et résidences à Marseille 1955-1975, 20 années formidables*），比克与图书出版社（Bik&Book），2009 年。

8. 让-吕克·布里松（Jean-Luc Brisson）：《天堂，普兰杜街区观察》（*Le Paradis. Quelques observations sur le Plan d'Aou*），南方文献出版社（Actes Sud），2010 年。

9. 克里斯汀·布雷顿（Christine Breton）：《北部旅馆文化建设项目 / 待客之道》（*Hôtel du Nord / Récits d'hospitalité*），包括《拉维斯特的溪谷》（*Au Ravin de la Viste*）、《栖息之城》（*La Ville perchée*）、《艾加拉德河流变迁史》（*Le Livre du ruisseau, histoire du ruisseau des Aygalades*），科曼出版社（Commune），2010—2011 年。

Ⅲ. 其他

1. 斯特拉波（Strabon）：《地理学》（*Géographie*），美丽文字出版社（Belles Lettres），1975 年。

2. 尤金纽斯·瓦尔明（Eugene Warming）：《以植物生态地理为基础的植物分布学》（*Plantesamfund, Grundtræk af den*

økologiske Plantegeografi)，P. G. 菲利普出版社（P. G. Philipsens），1895 年；1909 年出版英译本时，更名为《植物生态学》（*Ecology of Plants* ）。

3. 阿尔贝·加缪（Albert Camus）:《婚礼集》（*Noces* ），夏洛出版社（éditions Charlot），1939 年。

4. 弗朗索瓦丝·萧伊（Francoise Choay）:《城市规划，乌托邦和现实：文选》（*L'Urbanisme, utopies et réalités: une anthologie* ），瑟伊出版社（Seuil），1979 年。

5. 米歇尔·塞尔（Michel Serres）:《自然契约》（*Le Contrat naturel* ），弗朗索瓦 - 布林出版社（François Bourin），1990 年。

6. 罗伯特·哈里森 (Robert Harrison) :《森林：西方幻想论》（*Forêts: essai sur l'imaginaire occidental* ），弗拉马里翁出版社（Flammarion），1992 年。

7. 吉尔·克莱芒（Gilles Clément）:《第三道景观宣言》（*Manifeste du tiers paysage* ），主体与客体出版社（Sujet-objet），2004 年。

8. 吉尔·蒂贝尔吉安（Gilles Tiberghien）:《自然、棚屋及其他随笔》（*Notes sur la nature, la cabane et quelques autres choses* ），勒菲兰出版社（Félin），2005 年。

9. 罗杰·康斯（Roger Cans）:《法国生态运动史》（*Petite histoire du mouvement écolo en France* ），德拉绍与尼埃斯莱出版社（Delachaux et Niestlé），2006 年。

164

10. 理查德·沃克（Richard Walker）:《城市中的乡村：旧金山湾区的绿化》（*The Country in the City: The Greening of the San Francisco Bay Area*），华盛顿大学出版社（University of Washington Press），2007 年。

11. 约翰·贝尔德·卡利科特（John Baird Callicott）:《大地伦理学》（*Ethique de la terre*），荒野计划出版社（Wildproject），2010 年。

12. 罗杰·马利纳（Roger Malina）:《开放天文台宣言》（*An Open Observatory Manifesto*），美国麻省理工学院出版社（MIT），2010 年。

13. 今西锦司（Kinji Imanishi）:《生物世界》（*Le Monde des êtres vivants*），荒野计划出版社（Wildproject），2011 年。

绿色发展通识丛书 · 书目

01　　　　　　　　　　　巴黎气候大会 30 问

［法］帕斯卡尔·坎芬　彼得·史泰姆／著
王瑶琴／译

02　　　　　　　　　　　倒计时开始了吗

［法］阿尔贝·雅卡尔／著
田晶／译

03　　　　　　　　　　　化石文明的黄昏

［法］热纳维埃芙·菲罗纳-克洛泽／著
叶蔚林／译

04　　　　　　　　　　　环境教育实用指南

［法］耶维·布鲁格诺／编
周晨欣／译

05　　　　　　　　　　　节制带来幸福

［法］皮埃尔·拉比／著
唐蜜／译

06　　　　　　　　　　　看不见的绿色革命

［法］弗洛朗·奥加尼厄　多米尼克·鲁塞／著
吴博／译

07 　　　　　　　　　　　**自然与城市**

　　　　　　　　　　马赛的生态建设实践

　　　　　［法］巴布蒂斯·拉纳斯佩兹 / 著
　　　　　［法］若弗鲁瓦·马蒂厄 / 摄　刘姬序 / 译

08 　　　　　　　　　　　**明天气候 15 问**

　　　　　　［法］让·茹泽尔　奥利维尔·努瓦亚 / 著
　　　　　　　　　　　　　　　　沈玉龙 / 译

09 　　　　　　　　　　　**内分泌干扰素**

　　　　　　　　　　看不见的生命威胁

　　　［法］玛丽恩·约伯特　弗朗索瓦·维耶莱特 / 著
　　　　　　　　　　　　　　　　李圣云 / 译

10 　　　　　　　　　　　**能源大战**

　　　　　　　［法］让·玛丽·舍瓦利耶 / 著
　　　　　　　　　　　　　杨挺 / 译

11 　　　　　　　　　　　**气候变化**

　　　　　　　　　　我与女儿的对话

　　　　　　［法］让-马克·冉科维奇 / 著
　　　　　　　　　　　　郑园园 / 译

12 　　　　　　　　**气候在变化，那么社会呢**

　　　　　　　　［法］弗洛伦斯·鲁道夫 / 著
　　　　　　　　　　　　顾元芬 / 译

13 　　　　　　　　　**让沙漠溢出水的人**

　　　　　　　　　　寻找深层水源

　　　　　　　　［法］阿兰·加歇 / 著
　　　　　　　　　　　宋新宇 / 译

14 　　　　　　　　　**认识能源（全 2 册）**

　　　　　　［法］卡特琳娜·让戴尔　雷米·莫斯利 / 著
　　　　　　　　　　　　　雷晨宇 / 译

15 　　　　　　　　**如果鲸鱼之歌成为绝唱**

　　　　　　　［法］让-皮埃尔·西尔维斯特 / 著
　　　　　　　　　　　　盛霜 / 译

16 如何解决能源过渡的金融难题

［法］阿兰·格兰德让　米黑耶·马提尼／著
叶蔚林／译

17 生物多样性的一次次危机

［法］帕特里克·德·维沃／著
吴博／译

18 生态学要素（全3册）

［法］弗朗索瓦·拉玛德／著
蔡婷玉／译

19 食物绝境

［法］尼古拉·于洛　法国生态监督委员会　卡丽娜·卢·马蒂尼翁／著
赵飒／译

20 食物主权与生态女性主义
范达娜·席娃访谈录

［法］李欧内·阿斯特鲁克／著
王存苗／译

21 世界有意义吗

［法］让-马利·贝尔特　皮埃尔·哈比／著
薛静密／译

22 世界在我们手中
各国可持续发展状况环球之旅

［法］马克·吉罗　西尔万·德拉韦尔涅／著
刘雯雯／译

23 泰坦尼克号症候群

［法］尼古拉·于洛／著
吴博／译

24 温室效应与气候变化

［法］爱德华·巴德　杰罗姆·夏贝拉／主编
张铱／译

25　　**向人类讲解经济**
一只昆虫的视角
［法］艾曼纽·德拉诺瓦 / 著
王旻 / 译

26　　**应该害怕纳米吗**

［法］弗朗斯琳娜·玛拉诺 / 著
吴博 / 译

27　　**永续经济**
走出新经济革命的迷失
［法］艾曼纽·德拉诺瓦 / 著
胡瑜 / 译

28　　**勇敢行动**
全球气候治理的行动方案
［法］尼古拉·于洛 / 著
田晶 / 译

29　　**与狼共栖**
人与动物的外交模式
［法］巴蒂斯特·莫里佐 / 著
赵冉 / 译

30　　**正视生态伦理**
改变我们现有的生活模式
［法］科琳娜·佩吕雄 / 著
刘卉 / 译

31　　**重返生态农业**

［法］皮埃尔·哈比 / 著
忻应嗣 / 译

32　　**棕榈油的谎言与真相**

［法］艾玛纽埃尔·格伦德曼 / 著
张黎 / 译

33　　**走出化石时代**
低碳变革就在眼前
［法］马克西姆·孔布 / 著
韩珠萍 / 译